山西古树大典

省卷（上册）

总主编　杜五安

中国林业出版社

图书在版编目（CIP）数据

山西古树大典 / 杜五安主编 . -- 北京 : 中国林业
出版社，2015.12
　ISBN 978-7-5038-8337-8

　Ⅰ．①山… Ⅱ．①杜… Ⅲ．①树木—介绍—山西省
Ⅳ．① S717.225

中国版本图书馆 CIP 数据核字 (2015) 第 313643 号

出版发行　中国林业出版社（100009 北京西城区刘海胡同 7 号）
　　　　　http://lycb.forestry.gov.cn
　　　　　E-mail:forestbook@163.com 电话：(010)83143543
印　　刷　北京中科印刷有限公司
版　　次　2016 年 8 月第 1 版
印　　次　2016 年 8 月第 1 次
开　　本　889mm×1194mm 1/16
字　　数　1760 千字
印　　张　65
定　　价　580.00 元

《山西古树大典》
编委会

总 顾 问：卢功勋　王庭栋　刘清泉　闫逸民　周玉崑

总 主 编：杜五安

总 策 划：许卓民　韩健民　郭贵忠

策　　 划：杨贵敏　毕建平　王玉龙　水金生　刘　堃

执行主编：刘先成　郭贵忠　张世乐　梁和印　李　明

　　　　　姚　广　王兆光　毕建平　王玉龙

编辑人员：李世山　邓晓平　丁吉祥　常改苗　朱世忠

　　　　　康鹏驹　郭志琦　孙馥亭　候果仁　童德中

　　　　　余华盛　朱秀珍　徐丽娟　曹国平　裴鹏飞

　　　　　张　璐　燕喜波　李　直

主要摄影人员：刘清泉　李　明　姚　广　毕建平　赵明毅

　　　　　张和平　原荣立

封面题字：杜五安

监　　 制：山西省绿化委员会

古树——是资源、是文化、是财富、是历史。

太行吐翠

一个不懂得自己历史的民族，是一个没有希望的民族。

吕梁灿红

习近平总书记
对生态文明建设的论述

　　一个民族、一个国家、一个地区，森林兴，则文明兴，森林败，则文明衰。

　　既要金山银山，又要绿水青山，绿水青山就是金山银山。

 **策划者的话**

盛世编典。

我们之所以现在编辑出版《山西古树大典》，是因为编典的条件成熟：

一是山西省绿化委员会对全省古树进行了普查，积累了丰富的资料；

二是山西省林业厅领导对编纂《山西古树大典》工作非常重视，指导有力。

编典工作，标志着山西古树名木保护又迈上了一个新台阶，实现了新跨越，是山西省林业生态建设上的一件大事。

编典工作，是一项古树文化工程，是一部记载山西古树文化遗产的重要文献，对传承山西省古树文化具有重要意义。

《山西古树大典》除省卷外，每个市县都将有一卷。既有"全面性"，又有"系统性"，全省统分结合，对古树名木统一编目，统一管理，各有侧重，是山西省一部完整的古树档案，可找、可查、可用。对进一步加强山西省古树名木的保护管理工作必将起到有力的推动作用，对传承和弘扬山西省的古树文化具有重要的意义。

二○○九年十月一日

序

几天前，我收到省农口老同志送来《山西古树大典》样书，非常高兴，让我写个序，欣然答应。

《大典》是山西省林业生态建设上一部历史文化厚重、可圈可点的好书。

这件事，是五年前，山西省人大、省政府组织农口一批老领导、老专家、老同志，挥洒余热，无私奉献，自强不息，不断耕耘所取得的成果。

这种精神，是值得提倡的。历史告诉我们，一部人类发展史，是人与自然的关系史、变迁史。

生态良好的文明社会，是人与自然和谐发展的结果。人类归根结底是自然的一部分，保护自然环境就是保护人类，建设生态文明就是造福人类。

拯救地球生态环境，首先是拯救地球上的森林。

历史地看，森林兴，则文明兴；森林败，则文明衰。

林业，是一个既古老又年轻的行业。

古树，是发展林业的原始资料。创造林业新品种，离不开古树这个强大的基因库。

因此，一定要把山西省的古树保护好、管理好、建设好、发展好，让古树常青，森林常兴。

完成《山西古树大典》编纂工作，可喜可贺，特写序言，以示纪念。

二○一五年六月十日

山　西　古　树　赋

巍巍古树，屹立山垣，壮三晋之云天；悠悠古树，缱绻河川，造六域之景观；亭亭古树，高耸庙堂，添遗产之辉煌。溯其远也，观唐汉以至周商。瞻其寿也，度千秋而安康。幸其荣也，经万载风霜仍茂繁。

寿哉古树！华夏摇篮，山右圣地，长万株古树，阅历代沧桑。看周秦之柏，汉晋之松，唐宋之槐，得千年天地之灵气，成绿色寿仙。瞻银杏水杉，红豆青檀，受万载日月之精华，为活的文物，珍稀宝藏。

盛哉古树！三晋大地，古林百片，单株布遍，树种百样。数超十万。阴遮四海，根蔓八荒。难于全表，仅选十王：柏王之都，介休西欢；槐王之城，石楼裴乡；松王枝展，屹立沁源；楸王叶茂，根盘枝山；榆王静乐，茎粗一丈；枣王五台，树高过千；银杏帅府，晋城冶南；核桃将第，榆社东乡；柳皇之宫，古县辛庄；杨帝之殿，蒲县河旁。树帅林兵，荟万物之博彩，盈黄土之神奇，永泽万方。

奇哉古树！自然之力，鬼斧神工；雕古树以千姿，塑名木以百态。以形观之：交城千枝柏，似千手观音；洪桐虎头柏，如虎卧山林；卦山九龙松，像群龙腾空；万荣龙头柏、介休狮子槐、玄中凤凰松、汾西珍珠柏、沁源大象槐……株株形奇貌怪，显天地魅力之无穷。以态览之：有柏抱槐，槐搂楸，榆攀槐，槐亲柳，柳爱漆，杨吻朴……各逞奇态，韵味无穷。更有甚者，运城夫妻柏，两株互扭，千载温馨；阳泉椿槐并生，枝叉交错，难舍难分；盂县栎与松，相倾欲抱，脉脉含情；阳城柏椿槐，三树联体，结义金兰；晋城子母柏，母殒子爱，孝感万代。双双妙态凝神，让历史画卷延伸。以异赏之：新绛五色槐，树花放异彩；灵丘核桃树，果与葡萄赛；万荣窄叶槐，绝胜烟柳态；临汾夜笑柏，嫦娥迎声来；高平属相柏，生肖茎上排；阳城梭椤树，七叶佛手开……棵棵特色异状，把优势基因传载。

妙哉！天赐奇葩，地造灵物，常兴风雨，永放光彩。

伟哉古树！一株古树，让百代风云久留芳。万株古树，使千载史话永张扬。曲沃尧银，将先王德载；芮城禹柏，记治水雄才；相如坟榈，亮将相和牌；关帝庙柏，展忠义情怀；介休龙槐，录贞观帝来；狄村唐槐，贯仁杰智海；洪桐古槐，让九州缅怀；代县国槐，表杨门将帅；阳曲劲松，显傅山文采……史典可追，高风长扬：武乡红星杨，朱总植战年；临汾元帅槐，徐帅亲手栽；兴县六柳亭，贺帅培育成，毛周众领袖，亭下论古今。英雄的伟绩，历史的记录，时代的风采，同名木永在！

古树瑰宝，瑰宝古树！集汾水之灵秀，聚太行之祥光，汇吕梁之异彩，开低碳之先河，泽晋民于万代！

郭贵忠

二〇一五年六月九日

目 录

上 册

第一编 总 论

第二编 名奇古树

第三编 古树文化

第四编 古树群

目 录

目 录

第七编　古树的保护传承和发展

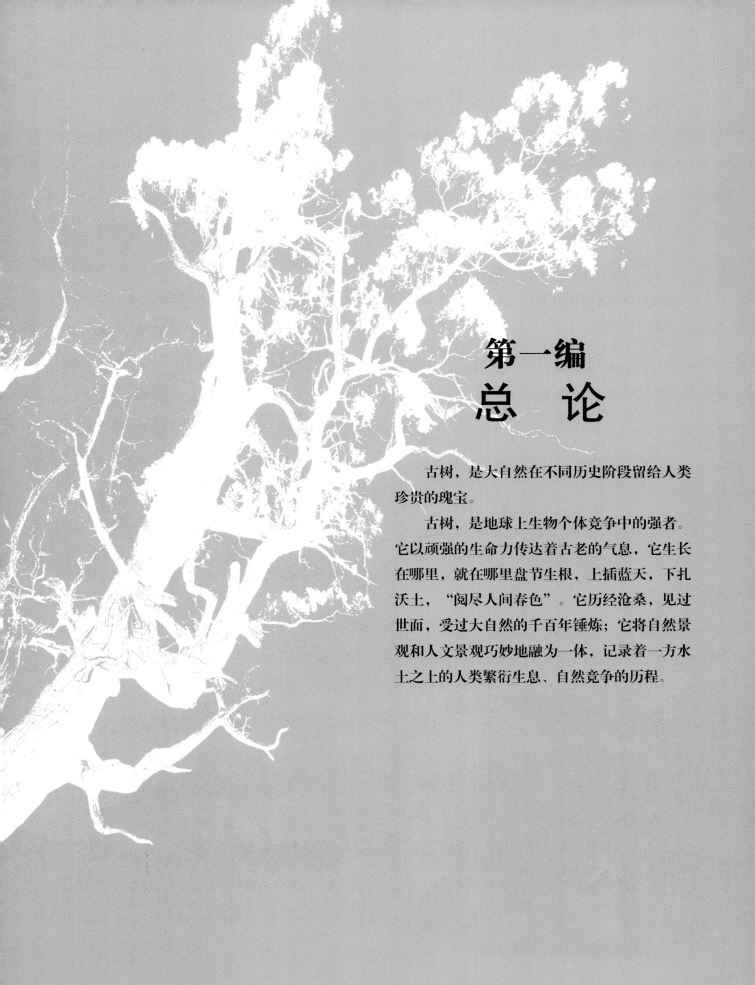

第一编
总　论

　　古树，是大自然在不同历史阶段留给人类珍贵的瑰宝。

　　古树，是地球上生物个体竞争中的强者。它以顽强的生命力传达着古老的气息，它生长在哪里，就在哪里盘节生根，上插蓝天，下扎沃土，"阅尽人间春色"。它历经沧桑，见过世面，受过大自然的千百年锤炼；它将自然景观和人文景观巧妙地融为一体，记录着一方水土之上的人类繁衍生息、自然竞争的历程。

第一章 山西古树历史

SHANXIGUSHULISHI

山西是中华民族的重要发祥地之一。几千年来，勤劳淳厚的山西人民，创造了博大精深、光耀千秋的灿烂文化，为中华文明发展作出了重要贡献。

山西是一个有着5000多年悠久历史文化的省份，是炎黄大帝开创华夏之地，是唐尧、虞舜、夏禹发迹之地。考诸华夏文明，秦皇汉武、唐宗宋祖等历史人物的丰功伟业，多与山西这块土地紧密相连。全国已查明的文物古迹，唐宋以前的古迹山西占40%以上；属国家级重点文物保护单位271处，为全国之首；世界文化遗产3处，国家大遗址保护项目4处，国家级历史文化名城5处，历史文化名镇5处；唐代以来的彩塑作品1.27万尊，北魏至明清的石窟300余处，各类寺庙和墓葬壁画24万多平方米，金元时代戏台9处。各种各样的名木古树，是各个历史文物景点不可分割的重要组成部分，既为景点文物点缀风景，又为寺院庙宇增添了一份神秘。

第一节　地质时期山西森林的变迁

远古时代，山西是一个举世闻名的"大林海"，满山遍野生长着一望无垠的大森林。山西之所以成为煤乡，是因为漫长的地壳运动，使大片森林演变而成了煤。所以谈到山西森林的变迁，有必要从地质历史上几次大森林造煤期谈起。

地质时代，由太古代、元古代，进入到距今约 3.5 亿年的古生代石炭纪，开始了全球性的大森林造煤期。

第一次大森林造煤期（距今约 3 亿 5000 万年至 2 亿 4000 万年）为古生代石炭纪至二叠纪。早期木本石松、芦木、科达树等大量繁荣，到二叠纪晚期，上述树木衰落，进化到松柏类裸子植物出现，后来海水上涨，大陆下沉，茂密高大的森林和木本蕨类逐渐腐朽沉积，在缺氧高压下，变成为石炭，形成了煤。

第二次大森林造煤期（距今约 2 亿年至 1 亿 3000 万年）系中生代侏罗纪至白垩纪早期。前期裸子植物如苏铁、松、柏、银杏等十分茂密，晚期进化到被子植物大量出现。此时期内，山西的雁北和晋中地区，不少县发现木化石和恐龙化石，说明这一阶段，山西有不少树木和爬行动物存在，是一片茫茫林海。

第三次大森林造煤期（距今约 6000 万年至 500 万年），是第三纪的始新世、渐新世、中新世。这个时期，气候温暖，雨量充沛，枫杨、紫薇、云杉、松类、雪松、罗汉松、桦树、栎树等亚热带森林和暖温带森林大量生长。后来随着温度缓慢下降，喜湿润树种大减，耐寒耐旱的针叶树和温带阔叶树种逐渐增加。

距今 180 万年后，进入新生代第四纪。这个时期，随着地质和气候的演变，森林也经过冷期与暖期多次回旋交替，逐步进入最佳期，多种阔叶树和针叶树相继繁衍。这一时期，基本上没有人为活动的干预，森林主要是受地壳运动和气候变化而自生自灭的自行交替。回顾这段地质历史，为的是说明山西远古时期森林的变迁。

第二节　有史时期山西森林的变迁

从地质时期"全新世"第三亚期以后的 3000 年前，几乎无文字史料，只能靠考古发现及地质研究加以推断；从第三亚期开始，人类进入有文字记载的"有史时期"。

由于史籍资料、历朝历代关于森林记载极为缺失，也不系统，因而只能根据历史资料和现存自然景

观对比分析，大体了解历史上山西森林的变迁。

山西地处黄土高原东部，地理位置独特，它不仅处于中国甚至世界上少有的复杂地形和气候因素多界面的交汇点上，具有极强的生态学边界效应，而且处于由热带植物带逐步转变成温带植物带的过渡带。更重要的是它处于欧亚大陆迁移的十字路口，汇集了来自南方和西方人类已熟悉和不熟悉的植物，成为重要的植物培育中心。

黄土地带，是以秦岭以北，阴山以南，太行山以西，日月山及乌鞘岭以东的广大地区，是世界上黄土分布最为广阔、最为深厚的黄土高原。这种黄土的形成开始于上新世和更新世交接期间，并一直延续到现在，地质年龄较幼。这种黄土是由持续不断的强劲的西风，长期从亚洲大陆的腹地蒙古高原包括塔克拉玛干沙漠等地搬运而来，土层厚度一般为50~80米，最厚的地方超过100米。黄土高原历史上大部分地方属森林和森林草原环境。

晋西古代属于西河郡，是全国主要林产地之一。据《水经注》载：北魏（420~534）在洛阳大造宫殿，林木系取自西河；北周时（557~598）仍是"京洛林木，尽出西河"。

山西东北部恒山、五台山、太行山北段曾是森林密布地区，如《宋会要辑稿》记述，太行山中段"林木茂盛"，"松林遍布"。《清凉山志》描述五台山在宋代时是"四面林峰拥翠峦，万壑松声心地响"。明代撰写的《胡·高二公禁伐传》载："自古相传，五峰内外，七百余里，茂林森耸，飞鸟不渡，国初（指明初）尚然"。《明经世文编》记载：恒山中有一条长百里的森林，"大者合抱干霄，小者密比如栉"，"虎豹穴藏，人鲜径行，骑不能入"，可见森林之繁茂。

雁北大同盆地，古代也森林密布，应县大木塔和平朔露天煤矿发掘出的大量木结构古汉墓就是证明。应县木塔建于辽代清宁二年（1056），塔高67米，底层直径30米，为一宏伟巨大的六檐五层八角形木结构建筑，巍然屹立已有900余年，是我国最古最高的木塔，建塔的木材系取自当地（当时属辽国范围），有"毁了黄花梁（附近一山名），建起应县塔"之说。

山西中南部较西北部温暖得多，林木更为繁茂。据宋《太平寰宇记》载：太原西山多柏树，北宋时太原西山仍是"古柏苍槐树木阴医"，有"锦绣岭"之称。金代元好问《过晋阳故城书事》说：晋祠西山是"水上西山如卧屏，郁郁苍苍三百里"。古代有关晋南、晋东南森林的记载很多，《山海经》就提到中条山、太行山多木多竹。

战国以前，山西平川还有大片森林，田、园、林相间并存。战国以后，人口增长，中南部平川大片森林基本上被开垦为农田，丘陵地区森林还很广泛。中条山西部，吕梁山南部的丘陵区，田、桑、林、草都有，森林仍为主体。北部因人口较少，华夷杂处，开垦较少，森林更多。当时的山西，气候调匀，山清水秀，无水旱灾害，黄河长期处于安澜状态。

汉魏以后由于战争频繁，民族的迁徙与融合，使山西的森林受到严重的影响。这时，平川只剩下散生林木，丘陵区的森林凡交通方便之处已开始遭到破坏，远地山区还保留着大片森林。吕梁山脉以西的晋西和晋西北直至黄河沿岸的广大地区，至两晋以前还广布着茂密的森林。南北朝时，北魏迁都洛阳，建造规模宏大的新宫，所需木材都取自西河(离石、汾阳一带)；东魏在邺（河北临漳）建都，大造宫殿，“取大材于上党”。这个时期，山区森林大体完好。

唐宋辽金元时期，由于大量开垦，战乱不断，对森林的破坏较前为烈。唐都长安，宋都开封，辽修平城，元建大都（北京），都在山西取材，使森林遭到严重破坏，不仅丘陵地区少有森林，山区大部森林也遭到破坏。黄河水患日益频繁。

明清民国时期，由于人口大增，拓垦已进入山区，使森林受到毁灭性破坏。平川地区不仅森林被砍光，就连散生树木也很少见。丘陵地区在前半期还有小片森林，如吉州（今吉县）的管头山，大宁的龙泉山，蒲县的翠屏山，中阳的凤翅山，保德的赤山，偏关的柏杨岭等到后半期全被毁灭。山区在明初还留有一些森林，如芦芽山及内长城勾注山一线，太岳山、昔阳的奇峰山、太行山北段的森林都还可见，到中叶遭到摧残性的破坏。再经阎锡山及日军毁灭性砍伐和掠夺，到1949年新中国成立，偌大一个山西森林面积仅有500万亩，森林覆盖率仅为2.34%。

新中国成立以后，山西省林业建设掀开崭新一页，一派欣欣向荣。20世纪50年代初，山西省人民政府成立了林业专业机构，各地（市）、县的林业机构也相继成立，全省群众性植树造林普遍展开。1956年后，各地大搞封山育林，重点在北部营造小叶杨防护林。晋南盆地的农田林网建设蓬勃发展，中条林区、安泽、陵川等县大面积营造针叶林。1978年党的十一届三中全会以后，山西省委、省政府坚持贯彻党中央、国务院关于保护森林、发展林业、绿化祖国的一系列方针政策，全省林业步入了前所未有的快速发展阶段。1979年12月，山西省林业局改为林业厅，地（市）、县及各地林业机构也得到加强。在县以上各级政府还成立了绿化委员会，使部门林业进一步向社会林业转变。1981年开始的森林树木稳权发证工作，使党的林业政策深入人心，森林纠纷得到处理，林权矛盾逐步缓和，对调动植树造林积极性，保护森林起到了重要作用。1978年山西省六届人大常委会通过了《山西省实施＜中华人民共和国森林法＞的办法》，进一步把林业工作纳入法制轨道。

进入新世纪以来，山西林业进入快速发展新阶段。

这期间国家启动实施了退耕还林、天然林保护、京津风沙源治理新的林业生态工程，加上 1978 年启动的三北防护林工程和 1994 年启动的太行山绿化工程，全省林业生态建设投资空前、力度空前、规模空前，造林面积不断扩大、森林资源不断扩张、林业产业不断强大、生态景观不断凸现、森林抚育不断加强、森林质量不断提高、森林功能不断发挥，山上治本和身边增绿同步推进，生态林业和民生林业同步加强，全省每年完成人工造林和封山育林 400 万亩以上，完成干果经济林 100 万亩以上，全省森林覆盖率从 2000 年的 13.29% 增加到 2010 年的 18.03%，森林面积达 4236.15 万亩，森林蓄积量从 6200 万立方米增长到 9379 万立方米，林业产值突破 400 亿元，山西生态面貌焕然一新。2013 年全省造林绿化现场会在太原市召开，会议提出"造林绿化领导力度只加大不减小，资金投入只增加不减少，目标考核只加强不减弱"的"三加三不减"要求，并在 2014 年吕梁现场会议上进一步加以落实，成为推动各市发展林业的重要行政手段。当前，山西林业生态建设正在按照省委绿色发展、富民强省的战略部署和省政府提质增效、转型升级的目标要求，继续坚持山上治本、身边增绿、产业富民、林业增效的建设方略，加快造林绿化步伐，注重造管有效衔接，坚持科学规范实施，全面推进改革发展，努力提升林业生态建设治理能力和治理体系的

现代化水平。

第二章 山西古树现状和古树保护

SHANXIGUSHUXIANZHUANGHEGUSHUBAOHU

第一节 山西古树现状

古老的山西，无论从地质历史时期，或悠久的人文历史时期考证，山西在我国历史上是一个森林资源大省。然而遗憾的是，历经亿万年的地质变化和数千年的人为开垦、战争破坏，使一个森林资源大省变成了一个森林资源稀缺的小省。新中国成立初期，全省森林覆盖率低于全国平均水平，至于尚存的古树，可想而知。据 2009 年普查，全省现存古树名木 20 余万株，古树群百余处。如芮城县南卫乡禹王庙的 4000 多年树龄的柏树，石楼县裴沟乡永由村树龄 3000 多年的国槐，太原晋祠公园树龄 2800 余年的周柏等等。这些古树在当地史志中都有记载，成为当地重要的人文和自然景观。

全省古树中，既古又多的是油松，占古树 50% 以上；其次是侧柏，占 30% 以上；第三是国槐，占 18% 左右；还有一些其他稀有树种，如银杏、榆树、枣树、楸树、七叶树、柘树、刺楸等。

在调查中，还发现一些特异树种，具有很高的观赏价值。如窄叶槐，生长在万荣县谢村，为东南亚热带植物区系成分。再如生长在寿阳县白云乡东刘义村的"绣球松"，生长在稷山县太阳镇勋重村的"白花

灰楸"，生长在新绛县阳王镇苏阳村的"五色槐"，在山西都仅此一株。

分析这些古树，它们之所以能长寿，几百年、几千年扎根大地，留在人间，既有其自身树种的优良特性，也和客观的天时、地利、人和有关。

通过观测，发现古树自身有四大特点：一是都是

独厚的环境条件下生存下来的。

现存的古稀珍贵树木，大多为人工栽植。栽植地点多在村庄、寺庙、庭院、街道和水肥条件较好的地方，加之多为单株栽植，每株古树占有较大空间，营养面积也大，察其地势，都是立地高燥、排水良好、阳光充足、周围少有围墙或其他树木，有利于古树的长期生存。

古树能够生存下来，还有一个重要原因，就是古人爱林护树。为了保护古树，许多地方制订乡规民约，告诫民众护树；许多地方为了挽救古树，民众集资护树；许多地方结合实际对古树设置保护措施；许多地方的寺庙名胜竖立石碑，说理明确，规制昭然。总之，爱林护树是中华民族崇尚的一种美德，使一些古树能够成活至今。

品质特异的优良单株。它们大多生长期较长，生长速度较慢，具有旺盛持久的生命力。二是具有极其顽强的抗逆性。在静乐、石楼、潞城等地，发现一些古树树根裸露在外，形成悬根，其根深扎地下，支撑树体岿然不动，表现了树木对恶劣环境具有惊人的抵抗力。三是具有很强的自动调节内部组织结构的能力。遇到自然或人为灾害，在内部结构上可自行进行调节，以减少生长量来增强抵抗力。在松柏等针叶树中，有大量的树脂，使木质不易腐朽。银杏、槐、榆、楸等阔叶树，材质较硬，支撑力大，抵抗力也强。四是具有很强的再生能力。槐、榆、杨、柳等树的隐芽寿命很长，易生不定根和不定枝。许多古树从老枝上萌发出新枝，或从根部萌发根蘖苗。有的树由于树木分生组织（形成层）的活动，在树干枯朽后又形成新的韧皮部和本质部，或将枯死的部分逐渐包起来，使古树获得新生。

古树能长期生存，除有自身的特点，还与客观生态环境有关。山西属于温带大陆性季风气候，中南部属暖温带，北部属中温带。复杂的地理和气候条件，形成了许多地域性很强的气候小区。树木生长在这里，许多地方土层深厚，尤其是平原水肥充足，适宜各种树木生长，若遇到大风袭击，或是各种自然灾害，均可减轻或幸免。中南部气候尤佳，分布不少属于亚热带和热带的树种。众多的古稀树木，就是在这种得天

第二节　山西古树的保护

在当今人类的生命科学研究中，古树算是寿命最长的物种之一。如何把祖先留给我们的这笔"活遗产"——古树资源，像接力赛一样传承下去，这是历史和自然向我们人类提出的一个重要课题。

从远古到今天，大面积砍伐森林和破坏古树的行为，一刻都没有停止过。全球范围内，随着人口急剧增长，经济生活的快速发展，工业和生活污染的大量排放，森林环境和栖息地的人为破坏日趋严峻。据有关方面统计，在我国3万多种高等植物中，至少有3000多种是处于受威胁或濒临绝灭的境地。《中国珍稀濒危植物》首批公布的388种植物中，濒危物种121种，稀有物种110种，渐危物种157种；不少热带地区珍贵树种如版纳青梅、海南坡桑、海南紫荆和红罗等，均处于濒临灭绝的境地。一个物种的绝灭，意味着某些特殊基因的永久丢失。

古老稀有树木是大森林系统中的重要组成部分，人类和森林又是构成地球生物圈的主要组成元素，也

是全球生态系统平衡的重要因素。古树生存的种类愈多，丰度愈高，人类对其影响愈小，生态系统则愈稳定。因此，必须保护好各种古树资源，制定和落实科学、有效的保护措施，才能保证人类的生存和发展有充足的后备资源。

2000年起，古树已列入国家林业六大重点工程之列，成为野生动植物保护及自然保护区建设工程的组成部分，对维护国家生态安全、促进国民经济可持续发展，具有重大的战略意义。2009年起，山西省已将古树名木保护作为林业生态建设的一项重点项目加以推进，至2014年省级已累计投入869万元，保护重点古树名木1738株。同时制定发布《古树名木保护技术规范》《古树名木养护管理规范》两个地方标准，为保护古树名木提供了技术支撑。

实施古树名木保护，是维护生物多样性、为人类储备财富的重大举措。古树是大自然亿万年进化的产物，孕育了丰富的生物物种，在优化自然环境、维护生态平衡中发挥着不可替代的作用，一旦遭到破坏，将直接影响到生态系统的各种功能，甚至造成灾害性后果。

守护好古树名木这一重要森林财富，是一项浩大的绿色工程，需要动员全民参与。不仅需要法律框架的逐步完善，机制体制的日趋合理，基础工作的全面铺开，更需要政府、专家、民间的共同发力。

加大古树保护力度，就要打破过去常规、分散、孤立的发展方式，把古树纳入林业生态建设的有机整体中，得到各级政府和社会各界的大力支持，在较短时期内大力提升保护能力，扩展保护领域，加速资源培育，确保保护成效。

古树名木保护的指导思想是：以国家加强生态文明建设的整体战略为指导，遵循自然规律和经济规律，坚持"加强资源环境保护，大力恢复发展，合理开发利用"的方针，以保护为根本，以发展为目的，以项目保护为重点，以加快保护区建设为突破口，加大执法、宣传、科研和投资力度，保护古树多样性的健康

发展，实现资源良性循环和永续利用，为国民经济发展和人类社会文明进步服务。

古树名木保护的总体目标是：通过保护，拯救一批国家重点古树名木，新建一批保护区和种源基地，恢复一批珍贵物种资源，形成一个以保护区为主体，具有国际影响的古树保护网络，实现古树资源可持续利用。

同时，要进一步提高全社会的保护意识，加强宣传力度，制定保护法规，依法保障古树的偷挖和滥采乱伐，使古树名木保护工作步入法制轨道。

第二编
名奇古树

　　在广阔的三晋大地上，生长着无垠的森林树木，它雄伟壮丽，婀娜多姿，千姿百态，给大地带来了生机，充满了灵性，形成了美妙的自然生态。在成活至今的古树中，有的遒劲挺拔，奇绝苍健；有的巍然矗立，生机盎然；有的奇形异态，体态优美；有的造型奇特，惟妙惟肖，每株古树都具有自身的生态价值，历史价值，文化价值和观赏价值。我们这里特向读者遴选山西古树中的佼佼者——十大名树和十大奇树，其目的在于通过对它们的介绍，了解山西古树的特殊魅力，了解活着的文物所特有韵味和价值。

第三章　山西十大名树

SHANXISHIDAMINGSHU

　　山西十大名树，意指在山西境内，由于生长年代久远，树形高大，胸围粗壮，在该树种中最大的古树。这些古树历经千年沧桑，如今仍苍翠挺拔、枝繁叶茂，茁壮地生长在三晋大地上。它们不仅是该树种中的佼佼者，而且见证了山西的历史变迁，荣辱兴衰。具有沧桑之美，苍劲之美。如介休秦柏，灵空山"九杆旗"，石楼古槐等这些古老大树，都是山西省古树的典型代表。

三晋第一银杏——泽州县冶底村银杏

泽州县冶底村岱庙的这株古银杏，是山西银杏中的老前辈，人们都称它"银杏王"。

远处看"银杏王"，像一把撑开的巨伞，树枝上系着无数的红布条，随风摇曳，翩翩起舞。走到跟前，仰头细数树干，发现干生干，枝生枝，一时难以数清究竟有多少树枝。树干旁竖着一块石牌，上面写着它的简历：银杏王，又称"公孙树"，此树，高25.4米，干高5米，胸围957厘米，根盘周约14米，树冠东西13.1米，南北14.6米。据中国科学院推算，树龄在3000年以上，是山西现存最大的银杏树。

因为这株银杏十分古老，当地人们敬为神树，常常在树前焚香祭拜，以资敬仰。

诗赞：泽州银杏树中仙，
　　　长寿基因跨亿年。
　　　叶可疗疾防脑病，
　　　果能餐饮助民坚。

三晋第一柏——介休县秦柏

这株山西省最大的侧柏，生长在介休市绵山镇西欢村。据清乾隆年间撰写的《介休县志》记载：西欢村柏树岭所长的这株柏树，树高15米以上，胸围1240厘米，树龄已2200多年。古柏虽饱经风霜，但枝叶仍生长繁茂，主干以上的10个枝权，有的巨臂凌空，宛若飞云，有的盘曲纠缠，其冠如盖；有的铁枝丛翠，风姿绰约，使整个枝体构成一座奇特的绿色大厦，蔚为壮观。清乾隆四十三年（1778年）秋，介休县令吕公滋在树旁立碑，题诗纪事云："闻道秦时树，绵山久结根。虬枝深岁月，翠色老乾坤。讵以不材弃，且同大北存；风尘谁赏识，万古挺孤村。"

这株铜柯霜枝、气宇轩昂的三晋名树，历代均有围墙保护，古代还建有庙宇，20世纪60年代遭毁。1983年，介休市政府拨专款维修，重建门楼围墙，古碑失而复得，喜换新颜。

> 诗赞：秦柏十枝伸玉宇，
> 林仙万叶抚蓝天。
> 清香绕岭飘三晋，
> 绿雾笼山染百川。

三晋第一槐——
石楼县永由村古槐

  这株槐树长在吕梁市石楼县裴沟乡永由村，树高 13 米，胸围 1300 厘米。树冠由两大枝组成，主干上部已空腐，两侧有条很大的裂缝。树干虽部分腐朽，但东西两大枝生长却枝繁叶茂，一派生机。树干的下部是个很大的疙瘩，高 2.8 米，像一座假山，疙瘩长势奇特，很像一些动物的形象，疙瘩内还包有 5 块石头。5 条粗壮的根，暴露于地面，拔地而起，高约 1.2 米。这株槐树是山西省古槐中胸围最大的一株，树龄 3000 多年。

  诗赞：石楼槐树王，冠茂蔽云天。

     盛夏遮阳焰，中秋迎月光。

     护民三百代，得寿四千年。

     阅尽沧桑事，悠悠话大千。

三晋第一松——灵空山自然保护区"九杆旗"

九杆旗（油松），是灵空山国家级自然保护区的一绝。它生长在山顶的岩崖之中，高达40余米，胸围471厘米，地围1570厘米，冠幅346平方米，立木蓄积48.6立方米，树龄600余年。

它一枝出土后，又派生出笔直的九枝树干，团抱簇拥直插苍穹，舒展的枝丫针叶飘然优美，形象好似九面迎风招展的擎天旗帜，威风八面，气势雄伟，因此得名"九杆旗"。侧面观望，"九杆旗"又像一团冲天而起的蘑菇状绿色云雾。600多年来，生机益然，顶天立地。

"九杆旗"堪称油松之珍宝。它拔地参天，叶如浓云，挺拔壮美，遮天蔽日，好大一片阴凉。它像一座绿色山峰，巍然耸立于山巅，迎接着远道而来的游客。

1993年6月，"九杆旗"被山西省人民政府列为"省级古稀珍贵林木"，予以特别保护。

2004年6月，申报上海大世界基尼斯之最，被誉为世界"最大油松"。

在灵空山风景区内，有大量的油松古树，除"九杆旗"外，还有"八大金刚"、"哼哈二将"、"一炉香"、"三大王"、"一佛二菩萨"和"招手奇松"等、都十分珍贵。

诗赞：灵空山顶拂天立，
　　　茎出九杆扬帅枝。
　　　叶茂姿丰神采奕，
　　　中华独秀五洲奇。

三晋第一杨——蒲县底家河村小叶杨

这株小叶杨生长在临汾市蒲县蒲城镇底家河村，树高29.2米，干高4.5米，胸围970厘米。树龄1000多年。树冠由3大枝构成，冠幅面积1000余平方米，树的主干大部分已腐朽。树皮裂纹宽20厘米，深达15厘米，犹如放大了的老人的脸。近年来，当地对这株树加强了保护，做了围栏，并采取了一些复壮措施，使其又焕发了新的生机，长势比20世纪80年代调查时有了很大改善，苍老的枝干上又萌生了大量新的枝条，浓阴遮地，蔚为壮观。

诗赞：昕水河旁杨树王，
茎穿云海叶遮天。
冠笼大地枝藏月，
消暑和风护四方。

三晋第一楸——原平市西神头村楸树

在原平市大林镇西神头村扶苏庙前，有两株古楸树，人称"龙凤楸"。"龙楸"高约35米，胸围1320厘米，"凤楸"高约35米，胸围1100厘米，树龄在1500~2000年间。据有关资料显示，"龙楸"是我国已知楸树中树龄最长，胸围最大的一株，故称"华夏第一楸"。"龙凤楸"虽历经1000多年的风雨历程，至今仍叶茂花繁，古朴苍劲。

这两株古楸，干朽枝枯，萌生的新枝组成硕大的树冠，每年5月初，紫花满树，十分壮观。

据传说，扶苏庙是当地百姓为了纪念秦始皇之子扶苏神勇忠贞而修建的，始建年代不详。唐贞观年间唐太宗李世民曾勒令尉迟恭督工扩建。唐陶翰《太子崖》中有这样的诗句"扶苏秦太子，举代称其贤。百万犹在握，可争天下权。束身就一剑，千古人共传"。

诗赞：原平屹立两株楸，根壮茎粗枝叶稠。

五月紫花开满树，千年姐妹竞风流。

三晋第一榆——静乐县王明滩村榆树

这株榆树生长在忻州市静乐县王明滩村，树高23米，胸围841厘米，树冠覆盖面积近600平方米，活立木材积为43.3立方米。该树生长奇特，远远望去，好像一只展翅的雄鹰。主干之下有4.7米高的根14条，盘根交错，以不同的姿态深深扎入地下。14条根盘围长18米，在根的空间可容纳20多人。

这株榆树树龄虽已400多年，但枝叶茂盛，没有枯枝，当地人称为"活神树"，常常有人在树前烧香以求保佑，并剥一些树皮以作药用。

诗赞：形似雄鹰飞太空，
　　　根如门洞可藏童。
　　　寿高仍显青春态，
　　　装点村华岁岁隆。

三晋第一柳——古县辛庄村旱柳

这株旱柳，生长在临汾市古县辛庄村南，是山西最大最粗的一株旱柳，树高17.6米，干高1.6米，胸围948厘米，树龄约500多年。树干木质部大部腐朽，树干上到处长着奇形怪状的凸瘤或疙瘩，树皮也还完好。短粗的主干上萌生出28个粗大的枝条，形成硕大的树冠，投影面积600多平方米，树冠呈圆形，枝繁叶茂，堪称"旱柳王"。

诗赞：旱柳身长五丈高，
枝叶织出绿丝绦。
絮花飞舞如春雪，
冠笼云间似巨桃。

三晋第一核桃——汾阳晋龙一号母树

　　山西省核桃优良品种"晋龙一号"母树生长在汾阳市南偏城村，已有 500 多年历史，原主干 5 个人都抱不住，由于多年泥土淤埋，3 米多主干和西侧一个一级大枝被埋，现在看到的只是原核桃树的一个二级枝。传说当年闯王李自成进京经过这里时，曾在这株核桃树下歇息。

　　由这株母树培育的"晋龙一号"是我国第一个晚实优良品种。2013 年 7 月，世界核桃大会在山西省汾阳市召开，"晋龙一号"核桃获大会金奖。

　　诗赞：冠大枝高展物华，

　　　　　晋龙一号富千家。

　　　　　全球赛会得金奖，

　　　　　美味赢得万众夸。

三晋第一枣——太谷县白燕村壶瓶"枣王"

这株枣树生长在晋中市太谷县白燕村（即闻名遐迩的箕城遗址），树高18米，胸围274厘米，冠幅投影254平方米，树龄3000多年。"枣王"所在的枣园，栽植形式采用我国传统文化五行八卦九宫形式栽植，因此该枣园也称"九宫枣园"。

太谷壶瓶枣为山西省十大名枣之一，以个大、肉厚、糖分高、营养丰富而闻名。"枣王"虽历经3000多年沧桑，仍枝繁叶茂，每年产枣1000余斤。

诗赞：太谷枣王妍，
　　　壶瓶声誉宽。
　　　千秋凝瑞气，
　　　百代产仙丹。

"枣王"要两个人才能抱住。

第四章　山西十大奇树

SHANXISHIDAQISHU

　　本章精选的山西十大奇树，主要遴选了一些造型优美奇特，具有较高的艺术观赏价值，使人看了之后有一种美的视觉享受，久久不能忘怀。交城县的"凤凰松"、潞城市的"螳螂松"、太原市天龙山的"蟠龙松"、高平市的十二生肖柏，形态逼真，栩栩如生；交城的劈石柏，与恶劣环境抗争，具有顽强生命力，象征着中华民族不畏艰难，所向无敌，生生不息的民族精神。

凤凰松

　　在吕梁市交城县会立乡张家庄村的西山坡上，长着一株奇特的油松，树高 12 米，主干高 1 米，胸围 408 厘米，树龄 800 余年。

　　这株油松的奇特之处是，远远望去，形似一只凤凰，昂首挺胸，尾羽高翘，站在碧绿的丛林中，翘首观望，栩栩如生，形象十分逼真，行人路过，无不赞叹大自然的鬼斧神工。

　　诗赞：交城山岭中，天铸凤凰松。

　　　　　亮翅登高地，举头望太空。

　　　　　严冬披雪俏，盛夏沐阳葱。

　　　　　云海随龙舞，临朝百鸟迎。

子护母柏

泽州珏山脚下的青莲寺有两株圆柏，名为"子母柏"。此柏一粗一细，粗的为母柏，胸围 300 厘米，高约 27 米，树干表面光滑，可见其细密的纹理，虽然顶端枝叶荡然无存，但依然粗壮挺立。子柏躯干笔直，胸围不及 1 米，高约 24 米，比母柏矮 3 米，树干衬托于母柏身侧，间隔最宽处不足 30 厘米。子柏顶端长得枝繁叶茂，生机勃勃，树冠犹如翠绿的云伞，绕着母柏张开，成为母子共有的树冠。据碑文记载，大清光绪三十二年（1906 年），青莲寺内一株 1000 余年树龄的古柏枯死，寺内众僧决定将其砍伐，在原地种一株新的柏树。谁想突然发现早已枯死的古柏根部萌生了枝叶，子柏自根部长起，依偎母柏笔直而上，奋力守护着母柏。寺庙主持见状，感叹不已，对众僧言道："万物皆有灵，子柏亦敬母柏，母柏虽枯亦然，吾辈岂忍伐乎？"

诗赞：

老柏千秋故，神根育令郎。
时时随母转，日日奉娘忙。
生物承天道，人间颂孝良。
九州游客赞，启迪万民祥。

蟠龙松

天龙山位于太原市西南 36 公里的群山之中，平均海拔 1430 米。这里峰峦秀美，松柏成荫，石窟林立，古迹众多。在天龙寺山门前，有一棵历千载而不盈丈的奇异古松，其形如华盖，状似蟠龙，自身扭成螺旋形，盘旋而上，宛如一条狂舞的蟠龙，那曲曲盘旋的虬枝，俨然像一条腾空而蟠卧的苍龙。它主干约 3 米，斑驳嶙峋，盘根错节，枝干向四面平伸辐射，冠如华盖，干似蟠龙，浓密的树冠舒展开如同一把巨大的绿伞，绿阴面积近 300 平方米，其形态之奇特，完全是吸收自然之精华，浑然天成，举世罕见。

传说在金天会年间（1123 年～1137 年），天龙寺着起一场大火，这场火一烧就是三天三夜，大火扑灭后没过多久，乡民们发现在寺庙旁边竟然长出一株似腾空而蟠卧的苍龙的松树，而且树冠硕大，巧似绿色的凉棚，百姓们就给它起名叫蟠龙松。到金皇统八年（1148 年），太原当地官员决定出资重修天龙寺，重建千佛大殿，从此天龙寺香火日渐旺盛，又恢复了往日的辉煌。

如今蟠龙松长势葱郁，枝繁叶茂，人们把它视为人间的神灵之物，长寿健康的象征之物，求子求学的祈求之物，滋养着一方百姓，造福一方人民。这株古树在当地民间留下深厚的感情，是祖祖辈辈诉说的活着的历史。每月初一、十五都进行祭拜、祈福。

据庙碑记载，此树为北齐年代所栽，距今已有 1500 年，今天的蟠龙松已是天龙山景区的重要名片。它独立天地、苍劲博大的崇高品格为人们敬仰和崇拜！

诗赞：方山风景松，最捧数蟠龙。
　　　权扭呈螺旋，枝伸似伞形。
　　　耐寒冬月翠，消暑夏风清。
　　　鹤骨千年壮，龙姿灿晋容。

劈石侧柏

　　该树生长于交城县卦山风景区最高顶三十三天石佛堂，树高8米，胸围219厘米，树龄已1000余年。

　　这株侧柏生长在一块巨大的石头缝中，侧柏刚出石缝时，由于受到挤压，根部呈扁状，在长期的生长中，树干才逐渐由扁长成圆形。树的力量是巨大的，在生长过程中，竟将这块巨石劈成两半。从这株侧柏流露的灵气与气质，透露出一种坚忍不拔，无所畏惧，永不放弃的精神。游人至此，无不连连称奇。

　　诗赞：屹立高山顶，根扎巨石中。

　　　　　枝繁冬貌绿，叶茂夏姿丰。

　　　　　笑拌雷霆唱，喜迎风雨冲。

　　　　　凌云擎日月，劈石显神功。

侧柏"盆景"

　　这株侧柏生长在忻州市偏关县杨家峪村,树高6米,胸围392厘米,树龄1000余年。

　　该树树身已成一空壳,基本枯死。惟左上角一小枝生机盎然,干枯的横斜枝上,挑着一株小柏树,远远望去,活脱脱一幅侧柏"盆景"。

　　诗赞:茎奇梢叶茂,根怪体形娇。

　　　　　旷野长盆景,沙丘塑彩雕。

　　　　　贞松千岁妙,翠影百年骄。

　　　　　名木谁培出?风霜施巧招。

"千手观音"柏

　　在交城县玄中寺大悲殿前，生长着一株奇特的侧柏，树高 11 米，胸围 254 厘米，树龄 1200 年。在主干 2.5 米处，数十根侧枝成伞状，向四周辐射开来，左右对称，粗细均匀，酷似"千手观音"手臂，人们形象地称此树为"千手观音"柏。

　　诗赞：

　　拔地腾空气势雄，
　　千枝似箭射苍穹。
　　观音千手谁曾见，
　　佛殿院中观盛容。

狮头槐

这株槐树生长在吕梁市交城县天宁镇磁窑村。树高 28 米，胸围 769 厘米，树龄 2200 年。

相传在一个漆黑的夜晚，伸手不见五指，磁窑村上空乌云密布，忽然间一阵狂风四起，黑云翻滚，风雨交加。刺耳的炸雷响彻云霄，明亮的火球带着一道电光从天而降，直入槐树中心。第二天一大早，村民们路过槐树旁，看见树杈中心有个洞，人们都猜测说，肯定是槐树里藏了什么成了精的东西，昨晚被龙抓走了，众说不一。说来也怪，过了几天，从洞里长出了颗像狮子头似的树瘤，村民们讲是颗"雷震狮子头"。从此，这颗老槐树就叫"狮头槐"。

诗赞：古槐狮面孔，千载展其雄。
雷震天赐貌，民崇众送红。
阴浓根贯石，茎耸叶穿穹。
翠影随风抖，啸声振太空。

十二生肖圆柏

这株圆柏生长在晋城市高平市马村镇康营村成汤庙院内，树高 16 米，胸围 471 厘米，树龄 3000 余年。

此树有"七扭八裂九个弯，十二属相隐树间"之说。这株古柏主干以上分为三大枝，枝叶茂盛。树干下形状奇特，生长着许多奇形疙瘩，从不同角度看，枝和干上隐藏着 12 生肖动物形象，十分逼真。

清道光年间，直隶河涧府陈寿为其作"古柏解"赞之："五台之南，太行之北，古柏一株，卓然超特，硕大且奇，至今不倾，亦不侧，解一；辛丑之秋，我来此东游强营里，入成汤宫，瞻彼古柏，横绝太空，直可以掛碧霞接长风，解二；翠凤苍龙，翻腾骄亢，瘦皎崛强，渴貌奔放。铁汉五丁袒背相向，华顶之云干青霄而直上，盖丹青难绘其神，雕镂难橅其状，解三。是必得宇宙精华为之长，养山川灵瑞为之扶持，风霜雨雪，历久不衰，故生有本性，奇伟如斯。询此柏植自何时，有百年叟答曰，乃祖乃父且莫能知，解四；焚其子者，香远气清，实可愈疾。叶为铭殷，社重其品，岁寒见其贞，拟仿赤松子饮梢头甘露学长生，解五"。

如今，这株圆柏仍生长茂盛，为当地一大景观。

诗赞：高平千岁柏，属象绕茎排。

猪睡牛羊叫，鸡鸣马狗乖。

龙吟蛇鼠看，虎啸兔猴呆。

欲览其中妙，山乡请你来。

虎仙槐

这株槐树生长在运城市绛县冷口乡小虎峪，传说为隋代栽植，距今已有1400多年。树高24米，胸围560厘米，根盘周长20.6米，根盘下有大小不同的9条根，竖根裸露地面高约4米，比较粗的4条根分别为115厘米、142厘米、143厘米、170厘米。最粗的这条根长8.6米，横向东伸，急转直下，成直角入土，形似大象的鼻子，当地人形象地称之为"吊根槐"。由于该树的特殊形态，远看好似一头大象，近观又像一座桥梁，裸露的根又像一座城门，一辆小轿车完全可以从这座"城门"中开进开出。

树前有一石碑，刻"虎仙槐"三字，意为小虎峪神仙树。

诗赞：绛县虎仙槐，千秋胜百灾。

　　　　风吹枝展秀，雨打叶抒怀。

　　　　根露奇形现，茎高神彩来。

　　　　远观门洞隐，近览象鼻歪。

螳螂松

这株古松生长在潞城市石窑乡北村。树高7米，胸围518厘米，树龄1000年，古松虽然不大，但长势奇特。由于多年水土流失，树根暴露于地面4.5米，露根66条，其中一级根8条，二级根19条，三级根39条，加上露出地面的根树高11.5米，该树树冠呈平顶状，8个分枝枝叶茂盛，长势良好。由于该树根部暴露，形似螳螂，故人称"螳螂松"。当年八路军总部在北村驻扎时，朱德总司令、彭德怀副总司令常在树下小憩、对弈，和群众促膝谈心。

诗赞：长治北村边，奇松独亮妍。

深根拔地起，碧冠随风旋。

暑往枝犹壮，寒来叶愈鲜。

螳螂形态妙，冉冉欲飞天。

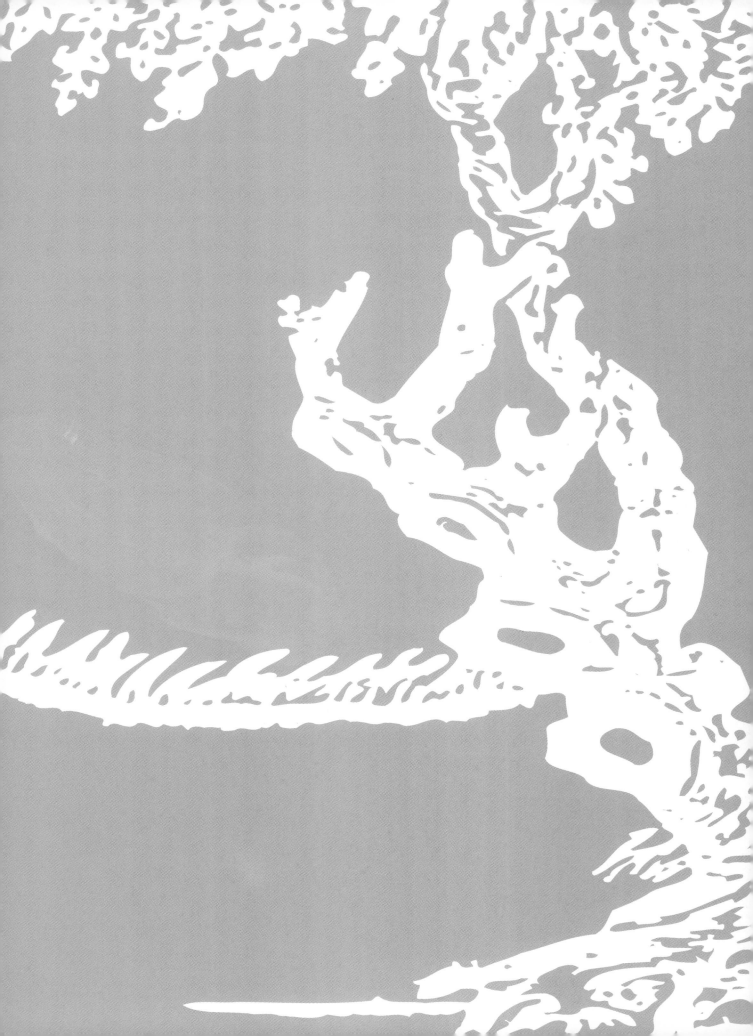

第三编
古树文化

在几千年的历史长河中，我们的祖先在创造丰富多彩的物质文明的同时，也创造了灿烂多姿的精神文明，构成了博大精深的中华文化。在诸多的文化中，古树文化应在其列。它扎根大地，饱经沧桑，铭刻着大自然的变化，记录着人类的兴衰，是国家文明的象征，是社会科研的珍宝，构成了它特有的古树文化。

古树的价值是多方面的，它具有历史价值、文物价值、生物学价值、生态价值、观赏价值，是具有生命的历史文物，是大自然留给人类的宝贵财富。我们宣扬古树文化，保护古老稀树，就在于提高人们的绿化意识、生态意识，保护生物资源，保护历史遗产。

第五章　古树的历史文化

GUSHUDELISHIWENHUA

　　山西是中华祖先最早开发地域之一。留下大量的古文物、史籍、雕刻、绘画、楼阁、庙宇，是国家的瑰宝。尚存的山西古树，构成了山西的古树文化，是三晋文化的一部分，是山西文化大省的宝贵财富。这些古树，是活着的文化遗产，是历史的见证。透过一株株古树，我们可以重温这些"活文物"的博大精深。

　　古树文化孕育很早，但其称谓晚于其他文化，是一位姗姗来迟的文化使者。在漫长的历史进程中，由于历史原因，战火破坏，毁林开荒，保留至今的古树就成了罕见珍宝。这些珍宝，沉积了沧桑的历史文化，铸造了可贵的人文精神。

　　新中国成立以来，特别是改革开放以来，随着人们绿化意识、生态意识的提高，古树文化方得以拂去灰尘，登堂入室。

尧庙奇树

离临汾市 4 公里处有一宏伟的古建筑群，这就是著名的古帝尧庙，全国重点文物保护单位。

帝尧是我国古代三皇五帝之一，为五帝之首。广大华夏儿女将尧尊为"民师帝范，文明始祖"，受到炎黄子孙世世代代的尊敬和崇拜，尧庙也就成了中华民族的圣殿，成为国祭帝尧、民祭三圣的重要场所。

临汾史称平阳，帝尧曾建都于此。为祭祀尧帝，特建尧庙。尧庙始创于西晋之前，位于汾河西岸。唐显庆三年（658 年），唐高宗李治下令大规模重修，将其迁移至今尧庙现址。遗憾的是，以后元、明、清三朝多次惨遭地震，房屋倒塌，堞垣俱坏，于清朝康熙四十二年（1703 年）捐款重修。

穿过尧庙五凤楼，便是尧井亭。亭的东西两旁现存 4 株奇树：一株胸径为 2 米多的柏抱槐，距今 1800 年树龄，是 4 株古树中的最长者，花开季节，槐花串串，清白芬芳，与翠柏相偎，蔚为奇观；另一株为柏抱楸，是楸树的籽粒飘落在柏树树干缝隙中，日久天长生根发芽，两树长合为一，每当四五月间，楸树紫花吐艳，花团锦簇，令人惊叹；第三株为鸣鹿柏，传说唐朝时曾有一对神鹿常居此处而生，又说此树遇到天气奇特时会发出鹿鸣的声音；第四株为夜笑柏，相传此柏系一僧人从印度植移而来，长势缓慢，树寿绵长。1999 年，据有关专家对 4 株柏树的推断，树龄均在 1700 年以上，可谓大自然的活化石。

诗颂：尧庙藏奇柏，搂楸与抱槐。依依传母爱，恋恋示夫陪。

夜笑嫦娥乐，鹿鸣神兽培。六仙临地立，游客慕名来。

柏抱槐，树龄 1800 年，树高 18
米，胸围 521 厘米。

鸣鹿柏，树龄 1700 年，树高 18
米，胸围 408 厘米。

夜笑柏，树龄1700年，树高10米，胸围166厘米。

柏抱楸，树龄1700年，树高15米，胸围349厘米。

舜帝陵前"夫妻柏"

舜帝为三皇五帝之一，舜帝陵位于运城市盐湖区鸣条岗上，为全国重点文物保护单位。孟子《离娄下》记载："舜生于诸冯，迁于负夏，卒于鸣条。"

舜帝陵墓前植有两株柏树，一株树高 10 米，胸围 357 厘米，另一株树高 7 米，胸围 314 厘米，一东一西于庙前两侧，相互拥抱，互为倾倒，枝叶相连，生机益然。当地人说，爱情使这两株古柏"零距离"拥抱在一起，正像一首古民谣所言："将你我揉成一团泥巴，再塑一个你，再塑一个我，我身上有你，你身上有我。"故称此树为"夫妻柏"。

相传，舜帝逝世于公元前 2203 年，在他逝世前 19 年让位于禹。禹为舜帝实施仁政，十分敬佩，特在鸣条岗为舜帝营建离宫，供他颐养天年。若按建离宫植此柏树算起，这对柏树已 4000 年有余。

诗颂：舜庙夫妻柏，久居曲马村。

千秋迎日月，百代壮河津。

身展西厢影，心藏牛女魂。

梁祝情永在，恩爱到如今。

夫柏

雄伟的舜帝塑像

妻柏

晋祠"周柏"

　　太原晋祠，古木繁多，论树龄之长，数植于周代的两株柏树：一株为东岳祠西南的长龄柏，高 15~16 米，胸围 5 米有余，形如卷龙，叶如浓云，挺拔壮美，覆盖面积约 300 平方米；另一株是圣母殿北侧的齐年柏。原本大殿两侧各有一株，同植于周代，生长在悬瓮山南涧。圣母殿建成后，将这对连理柏移植分栽于两侧，有比翼齐年之意，故称齐年古树。可惜于清道光年间（1821 年）被当地群众迷信砍伐一株，因此只剩下北侧一株。据科学家测算，此树至今已有 2891 年树龄，高约 18 米，胸围 599 厘米，侧身斜依于圣母殿顶上，与地面形成 45 度夹角，酷似卧龙。令人称奇的是，不知何时卧柏下面又长出一棵翠柏，撑住了倾斜的古柏，干枝交错，自然天成，令人赞叹不已。这株翠柏被誉为"擎天柏"，树龄已在 1000 年以上。

圣母殿前的这株古柏，树高15米，胸围411厘米，树龄与殿侧的那株古树相当。

晋祠圣母殿侧的周柏，胸围599厘米，树龄2891年。

　　晋祠又名唐叔虞祠，为纪念姬虞这位晋国开国元勋而建祠。宋代文学家欧阳修游晋祠时，曾经写下了这样的诗句："地灵草木得余润，郁郁古柏含苍烟"。明末清初大书法家傅山为该树亲笔题字"晋源之柏第一章"。晋祠古建筑结构严谨，具有很高的艺术价值。建筑物大都随地势自然错综排列，以崇楼高阁取胜。晋祠是我国最早的"皇家园林"，是全国著名的重点文物保护单位。晋祠的周柏，是晋祠"三绝"（难老泉、宋代侍女、周柏）中的一绝。

　　诗颂：苍劲巍峨多少年，枝繁叶茂欲探天。根盘沃土营养足，身浴霞光枝叶翻。
　　　　　阅尽沧桑心有数，饱经霜雪干终偏。何愁高寿难承继，晚辈亭亭立眼前。

大禹渡"神柏"

芮城大禹渡有一株参天古侧柏，位于二级扬水站管道顶端，雄姿伟岸，是大禹渡的标志。此树高15米，胸围480厘米，投影面积273平方米，枝繁叶茂，郁郁葱葱，遒劲挺拔，深沉肃穆，树龄在4000年以上。传说当年大禹治水曾在此拴马憩息，因此人们称此树为"神柏"。站在神柏树下翘首远望，黄河之水滚滚而来，行船往来荡漾，诗情画意跃然大河之上。

大禹治水，三过家门而不入，跋山涉水，备受艰辛，却劳而无功。面对滔滔洪水，他百思不得其解。一天，大禹来到大禹渡小憩，冥冥中遇见父亲鲧，惆怅地对大禹说："当年我领导人们治水只知堵挡，不会疏导，大事未成，遗恨终生！"正说之间，一位容貌端庄，宽袍大袖，骑着青鸟飘然而至的女神，莞尔递过一碗神水请大禹喝。大禹接过一看，碗中别有天地，一座高山拦住洪水。正欲求问仙女何意，蓦然飞来一块石头将碗打了个缺口，一碗水顷刻流尽。大禹幡然醒悟，茅塞顿开，原来是女神点化他劈山导水！他顿时力量倍增，跃马三门峡，劈开神鬼门，治服了洪水。此故事纯系民间传说，却衬托了大禹渡上的那株"神柏"。

诗颂：屹立黄河畔，寿高铭古今。

根盘黄土地，阴罩大河津。

叶赞先王禹，枝歌治水勋。

静观千载事，喜看万民勤。

庞家会 "周槐"

这株"周槐"生长在中阳县宁乡镇庞家会村。树高17米，胸围722厘米，树龄2300年。由于此树古老高大，人们视此树为"神树"，花为"神花"。树主干通直，西北面从根基到分杈处有0.7米宽无皮，南面有四个瘤状凸起，并有一裂缝通到树干空心处，空心能容2人站立。

相传，春秋战国时期的名将庞涓在此扎过营寨，并在此树拴过战马。该村原有15株古槐，除此树幸存外，其余均在20世纪六七十年代砍伐，令人叹息。

曲沃"尧银"

　　此银杏生长在曲沃县北董乡南林交村村北口。树高23米，胸围858厘米，树龄逾2000年。树干皮完整，丛生17条枝，根盘17.9米，树根上的花纹好像各种形态的动物。主干分杈处萌生枝的茎部形成大小15个悬吊根，形状好像溶洞内乳石，极为壮观。

　　据《曲沃县志》记载："当地民众呼为"尧银"，意思是说上古时期就有这株银杏了。

　　诗颂：枝插曲沃天，
　　　　　根曼浍河边。
　　　　　身立南林地，
　　　　　名扬北国川。
　　　　　远观尧舜史，
　　　　　纵览帝王篇。
　　　　　献药疗民病，
　　　　　公孙成大仙。

晋祠"唐槐"

在晋祠博物馆水镜台东北侧，有一株树龄逾1200年的唐槐，树高15米，胸围525厘米，主干圆满通直，枝叶长势繁茂，树冠投影面积490平方米，挺拔高大，古木参天。

柏泉寺"周柏"

洪洞县苑川柏泉寺，地处霍山前沿，历史悠久，远近闻名。柏泉寺前后山峰对峙，左右丘陵护卫。仰望彩霞淡云疏，俯看绿阴溪花稠，翠柳哮风鸟空翔，湖面涟漪鱼中游。红日当空，阳光四射，更显景致锦绣。

柏泉寺有一株神奇"周柏"，距今已3400多个春秋，国内少有，世界罕见，乃中华之宝。此树树高14米，胸围620厘米，古树郁苍，遒劲挺拔，顶天立地。每当盛夏，树上百鸟争鸣，树下潺潺流水，夜晚青蛙鸣叫，树冠倒映水中，显得格外宁静。

诗颂：周柏临水泉，碧水润根延。

冠似龙飞宇，干如柱擎天。

遭伐神镇寇，遇火众驱烟。

风雨三千载，绿兴万代贤。

西许古槐

灵石县南关镇西许村有株古槐，胸围840厘米，顶端早已被人锯去，留下8米高的树桩也已空洞多年，但它靠树皮萌生的枝条却粗达0.18米，可见生命力之顽强。此槐树龄多久？清嘉庆双年（1871年）9月石碑上赫然记载："周朝大槐"。距今已2800余年。

绵山落叶松

春秋时，晋国公子重耳逃难，因食物用尽饥饿难耐，重耳的随从介子推为救君主，舍身割下自己大腿上的一块肉，熬成汤给重耳喝。这就是历史上著名的"割股奉君"。后来重耳继王位，在分赏有功之臣时漏掉了介子推，介子推因此出走，携母隐居绵山。

经大臣提醒，重耳恍然大悟，派人四处寻找，在绵山打听到了介子推的行踪，但介子推拒不出山。重耳心急，放火烧山逼介子推出山，但介子推至死不出，被焚于绵山古松林中。重耳悔恨无遗，决定将焚山这天（清明节前一天）定为寒食节，以示对介子推的纪念，同时决定把定阳县更名为介休县（今介休市）。

如今的绵山，是国家5A级风景区。这里散生着200多株胸径1米以上的华北落叶松。相传，这就是晋文公火烧绵山逼介子推出山之地。最大的一株落叶松，树高约20米，枝下杆胸围1036厘米，树干2.3米处分为3大枝，形成树冠，树干上火烧痕迹明显。

藏山"育孤松"

藏山位于盂县城北 17 公里处，因春秋时期赵氏孤儿藏匿于此而闻名遐迩。

藏山，群峰壁立，峻极于天，山间泉水叮咚，松柏拱翠。夏日浓阴蔽日，清爽宜人，为避暑胜地。藏山风景及相关历史传说故事古来就为人们称颂，无数文人墨客前来游览观光。古有元好问、乔宇、傅山、顾炎武都到此瞻仰，留有墨宝；今有薄一波、王光英、李德生、马峰、孙谦等挥笔留志。英、美、日等十几个国家的学者、专家多次前来考察，游人更是络绎不绝。

藏山中有一"藏孤洞"，民间盛传此处为当年"赵氏孤儿"藏身处。庙内有一苍松，名为"育孤松"，突兀挺拔，雄伟壮观，茂叶风声瑟瑟，密枝月影重重。此树树高 25 米，胸围 308 厘米，树龄 2600 年。

诗颂：藏山庙宇中，屹立育孤松。
枝展青龙舞，干高玉宇惊。
千冬经雪茂，百代作神荣。
瞻仰丰姿秀，游人赞语盈。

关公"龙柏"

三国时期，蜀将关云长广为人知。关云长原是铁匠出身，性格豪爽，仗义勇为，路见不平，拔刀相助，在群众中享有崇高威望。因在家乡得罪了官府，远走他乡，与刘备、张飞桃园三结义，踏上了政治舞台。由于关云长鼎立扶助汉室，屡建战功，为人忠义，侠肝义胆，他的家乡运城常平村特为他修造了关公祠，祠内栽了许多柏树，以志纪念。这些柏树虽饱经岁月，历经沧桑，至今仍傲然挺立，好似条条盘龙。当地群众称这些柏树为"龙柏"。

关公祠初建于隋代，金代扩建为一定规模，现存殿宇多为清代建筑。

诗颂：庙柏聚成群，颂扬忠义魂。

冠连阴百代，枝挽度千春。

香气年年送，英姿岁岁芬。

纵观千古史，维护九州神。

关帝庙"龙柏"树高25米，胸围252厘米，树龄1000年以上。

此树高20.5米，胸围241厘米，树龄1000年以上。

平定"汉槐"

　　平定县冠山镇西锁簧村有一株古槐为汉代所栽，距今已 2500 年树龄。山西省人民政府于 2001 年 7 月公布为省级古稀珍贵树木。此树高 31 米，胸围 930 厘米，主干 6.1 米处分生 4 个一级大枝，西一枝被锯，南一枝风折，所剩两枝枝叶茂盛，老而不衰。

　　这株古槐不远处有两处古井，水源充足，使古槐得以根深叶茂，古木参天。

开栅"汉槐"

这株古槐长在文水县开栅镇中学院内。据康熙年间编纂的《文水县志》记载："开栅镇圣母庙，乃轩辕宫人西陵氏，土人以养蚕故祀之。莫知其始。内古槐一株径四周，世传千有余岁，正德间枯，至嘉靖再生，初腹空如罄，内盛石子，再生后内外坚实，若嫩树状。"县志所记载的就是这株古槐。

相传，当年曹操曾率魏军在此屯兵。推算树龄已2000年有余。1917年，文水县长绩思文在树北立一石碑，上刻"汉槐"两个大字。此碑现已无下落，只留下碑座。此树高22米，胸围659厘米。

恒山油松

北岳恒山是我国重要的道教发祥地之一。恒山号称"人天北柱"、"绝塞名山"，与东岳泰山、西岳华山、南岳衡山、中岳嵩山并称五岳，齐名天下。早在汉代，就建有寺庙，辽金时期，已是著名的风景胜地。因为恒山山高风大，古建筑多依悬崖峭壁或开凿石窟而建，形成了独特的悬、奇、险、隐的建筑风格。到清代乾隆年间，已建寺庙60多处。

原本恒山松树茂密，有"一里一亭、一步一松、三寺四祠七亭阁，九宫八洞十五庙"之说。由于历史原因，战乱破坏，尚存千年古树不多。

这株油松生长在北岳恒山路旁的金龙口处。树高14.7米，胸围276厘米，树龄约1000年，树上8个分枝，树根有10条露出地面1.3米左右，被誉为"悬根松"。

此油松生长在恒山高峰，海拔1750米，树高22米，胸径72厘米，树龄约1000年。

　　这是浑源县通往恒山寺庙路右侧的第一大油松，群众称为"大将军"。此树高 23.6 米，胸径 1.03 米，树龄 1400 年，树冠由 15 个大枝组成，呈圆形，投影面积 256 平方米。

　　这两株油松，一南一北耸立在恒山路右侧，被誉为"二将军"。一株树高 23.5 米，胸径 0.95 米，树龄 1400 年，另一株树高 9.5 米，胸径 0.68 米，形如伞状。

云根古槐

交城县义望乡覃村，生长着一株奇特的云根古槐，于北魏时期所栽。此树高21米，胸围659厘米，距今1500多年，仍屹立于大地。树型雄伟壮观，如云团在空中托起。清光绪年间，陕西一石匠路经此地，在树杈中间镶"云根"石碑一块，在树根部还嵌有一个石香炉。

晋祠 "隋槐"

　　这株古槐生长在晋祠关帝庙内，隋代所植，虽历经沧桑，仍生机旺盛，峻峭挺拔。树高 10 米，胸围 640 厘米，主干 3.2 米，树龄距今 1300 余年。此树原有五大分枝，风折断一枝，现留四枝，枝叶茂盛，郁郁葱葱。

二贤庄 "隋槐"

二贤庄隋槐,植于隋朝开皇元年(公元581年)。当年,好汉单雄信一家从山东聊城(古称东昌府)逃难来到山西潞州西八里二贤庄,在此定居,并栽下一株槐树。好汉秦琼卖马的故事就发生在这株树下。

隋朝仁寿年间,山东捕快都头秦琼押解囚犯到潞州(今长治)交差,途中银两用尽,穷困潦倒,便忍痛将坐骑黄骠马牵到二贤庄单雄信所栽的槐树下出卖,为树主单雄信所买。二人在此相识,随唐王李世民一起打天下,并取得胜利。

1951年,已是四人合抱的大树因管理不善被人砍伐,仅留下三个分枝,至今已挺拔高大。为纪念两个好汉在此相识,特在槐树下塑黄骠马,以资纪念。

兴唐古松

洪洞县苑川乡兴唐村有一株油松，树高14.2米，胸围266厘米，树龄1200年以上。

相传，当年唐太宗李世民从太原起兵反隋，被隋将尉迟恭打败来到兴唐村，见村前有一座小庙，庙前挂满蜘蛛网，他便破网藏入庙内。当尉迟恭追兵来到此处，发现庙门前挂满蜘蛛网，估计不会有人进去，便往前追，使李世民逃过一劫。后来，李世民当了皇帝，为报答小庙救命之恩，在此重修了兴唐寺，并亲手植下4株油松，现仅存1株，群众把它称为"兴唐松"。

诗颂：秋到兴唐寺，观光古代松。

冠妍增岭色，干耸壮苍穹。

铭记唐宗事，传承兴衰程。

千年凝瑞气，百代显神功。

柏中豪杰

　　唐代战将尉迟恭，征战南北，战功卓著，被誉为开国元勋。当年，他路经平遥县西卜宜村，见一株遮天蔽日的大侧柏树，遂下马小憩。此树高19米，胸围637厘米，至今已2000多年了，栉风沐雨，长势不衰，可谓柏中豪杰。人们奉此树为神树，津津乐道。

三官庙"龙凤柏"

襄汾县西贾乡东南李村的三官庙，建庙已久。据史料记载，此庙初建于唐贞观三年，唐太宗李世民颁旨建造。内塑三官神像：天官、地官、水官，各具神位，煞是威严。武则天即位后，又拨款扩建。到宋代，太祖赵匡胤也曾到此膜拜。

由于日寇侵华，三官庙遭受严重破坏。幸存2株柏树，一为龙柏，高25米，胸围282厘米；一为凤柏，高25米，胸围362厘米，树龄均在1100年以上。

这株侧柏三个成年人还抱不住。

介休"长寿槐"

　　这株槐树长在介休市秦树乡长寿村，树高 20 米，胸围 510 厘米。相传唐太宗李世民去介休绵山朝拜，在返回的路上，见几位老者在树下纳凉，个个苍苍白发，体态魁梧，老当益壮，便下马向几位老人询问长寿之道 。后来，村人便将村名更改为长寿村，将此树树命名为"长寿槐"。

　　至今，长寿槐已年逾 1300 余年，仍充满生机，林木葱茏。

北武当奇松

　　北武当山亦名真武山，位于方山县城东南 30 公里处。此山建寺庙于唐代，明代形成规模，成为北方的道教圣地。北武当山主峰海拔 1983 米，雄踞群山之中。周围悬崖绝壁，只有一条崎岖险峻的山路可通峰顶。山上松奇石异，鸟贵兽珍，集险、秀、雄、奇于一体。有"黑虎松"、"登天松"、"托天道人"、"仙人指路"等松树不胜枚举。这些奇松，遒劲挺拔，巨树参天，亭亭如盖，树龄在 1000 年以上。这是其中一株。

三教归一"二龙洞"

　　二龙洞是天然溶洞，在五台县白家庄镇境内。洞口上方两株松树形似红黑两条龙，形态逼真，因而人们称这两株松树为"飞龙"，此洞为"二龙洞"。洞口左边建有佛殿，真武庙、文昌庙、龙王庙、关帝庙、山神庙，是佛、道、儒三教归一的供奉之地。每年农历六月十三日，全镇九大村的男女成群结队前来过庙会，祈求风调雨顺，事事如意。洞前有一株油松高大挺拔，与其他古树遥相呼应，形成独特景观。

资圣教寺古松遒劲

 晋中市榆次区什贴镇北腰店村资圣教寺的院内长有 5 株油松，平均树高 11.40 米，平均胸围 132.40 厘米。据寺内现存石碑记载，自北宋天禧三年（1019 年），元至正十四年（1354 年），明永乐年间，都曾进行过修缮。另据 2000 年 9 月《重建资圣教寺碑记》记载："院内西北角有月门可进寺院，为僧侣吃住栖息之所。"因此，这些古树生长的地方，应为僧人生活区域，为古代僧人所栽，可见树龄之久远。

三藏寺古树峻峭挺拔

太原市阳曲县泥屯镇龙家村内的万寿山，有一座三藏寺，寺内长着 7 株古树，正院三株为松树，一株为侧柏；偏院两株为松树；院外龙王殿前一株为楸树。7 株古树错落有致，峻峭挺拔，亭亭如盖。特别是偏院的 2 株古松，挺拔高大气宇轩昂，在古刹的映衬下，更显得生机勃勃。相传唐僧自西天取经回来以后，曾在此讲经。这 7 株古树平均胸围 199 厘米，最粗的 342 厘米。该古树群中的松树树龄 900~1000 年不等。

洪洞广胜寺幽雅胜境

　　洪洞广胜寺有着 1800 年的悠久历史，巍峨霍山，雄伟壮观，琉璃宝塔，飞架碧空，让人叹为观止。松柏遍山，郁郁葱葱，与七彩宝塔、寺院庙宇、霍泉、分水亭连在一起构成古朴幽雅的胜境。

　　广胜寺为佛教古刹，寺内有侧柏 165 株，大多生长在土层瘠薄的石缝中间。古树分三个区域，第一区东至桃树洼，南至石姑姑河，面积 45 亩，有古树 48 株，平均树龄 1100 年；二区东至桃树洼，北至飞虹塔，面积 45 亩，有古树 50 株；三区东至环铢尖，西至关圣桥，面积 75 亩，有古树 72 株，平均树龄不详。

佛光寺神秘异彩

　　五台山佛光寺创建于北魏孝文帝（公元471~499年）时期。寺院内有古树144株，主要是油松、丁香、侧柏和油松。树龄1000年左右的有7株；树龄300年左右的有16株；树龄150年的有34株；树龄100年以上的有65株。这些珍稀古树，给佛光寺带来无限生机，神秘异彩。

窦大夫祠内古树郁苍

　　太原市尖草坪区上兰村窦大夫祠内，有5株侧柏，分别生长在正殿两侧，左侧3株，右侧2株，高大笔直，生长遒劲，树龄500年左右。

　　窦大夫祠是为纪念春秋时晋国窦大夫所建。为国家级文物保护单位。窦犨，字鸣犊，春秋时晋国大夫，曾在狼孟（今阳曲黄寨）做过开渠利民的官，后人在此修庙纪念。据传，孔子周游列国，因仰慕窦犨，曾驾车来访。可行到娘子关，听说窦犨被赵简子所杀，中途而返。

左扭右扭柏

建于唐代的洪洞县广胜寺，在大雄宝殿前栽着两株侧柏，人称唐柏。有趣的是，左边的一株树皮纹理向左扭，右边的一株向右扭，成为广胜寺的一景。这两株柏树，东株高 20 米，西株高 15 米，胸围分别为 408 厘米和 345 厘米，树龄均在 1200 年左右。

相传大唐贞观年间，广胜寺住一老两小三个和尚，两个小和尚一个是南方人，一个是北方人，北方小和尚是做饭的，因对南方小和尚有些意见，经常不给他做大米饭吃。方丈得知此事，罚二人各栽一株柏树。有趣的是，由于二个互有矛盾，所栽的树也是一个左扭，一个右扭。有人给这两株侧柏题写了一副对联："东柏左扭迎朝阳，西柏右扭送曙光"。

诗颂：两株茎扭柏，广胜寺中栽。右扭迎天亮，左旋望夜来。

护佛观四海，保庙惠三才。高寿超千载，清香消百灾。

卦山奇柏

　　距交城县西 3 公里，有一座宋代著名画家米蒂题为"第一山"的卦山。这里八峰耸峙，层峦叠嶂，奇松怪柏，苍劲挺拔。在古树掩映下，有一座建于唐贞观元年（627 年），历经 1300 多年的天宁寺，崇楼峻阁，依山而建，起伏在茫茫千山林海中，古往今来，吸引着无数游客。

　　卦山，因八峰环列、形同卦象而得名。以太极峰最高，海拔 1142.8 米。卦山满山苍劲古朴的柏树终年常青，茂密成林，面积 133 公顷。树根钻岩抱石，树干或挺拔、或扭曲，千姿百态。

　　卦山柏，以树形怪异而闻名三晋。人们给这里的怪柏取了许多奇特的名字：著名的有寿星柏、钢鞭柏、汉柏、绣球柏、龙爪柏、蛇头柏、达摩柏、牛头柏等。卦山景区1000 年以上的古柏保存尚多，难能可贵。

卦山天宁寺大雄宝殿前的汉柏，树龄 2000 余年，树高 21 米，胸围 486 厘米。

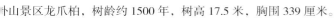
卦山景区龙爪柏，树龄约 1500 年，树高 17.5 米，胸围 339 厘米。

卦山绣球柏，树龄约 1500 年，树高 21 米，胸围 260 厘米。

玉皇庙银杏

　　芮城县玉皇庙有一株 30 多米高的的银杏，胸围 533 厘米，几股大桠直指苍穹，遒劲挺拔，雄伟壮观，连年结果，令人折服。相传，唐末进士吕洞宾（又名吕继阳）当年曾在此地修行。后来，他修道成仙，成为八仙之一。为纪念吕洞宾修行，人们在玉皇庙栽了此树。欲知这株银杏的树龄有多大，从吕洞宾在此修行的故事就可想而知了。

玉皇庙的这株银杏，树高 39.6 米，胸围 533 厘米，树龄 1000 年以上。

女娲庙古柏

神话传说，女娲是人类的始祖，是伟大的女神。为了祭奠这位女神，洪洞县赵城镇侯村特地为她修建了一座女娲庙，始建于宋朝开宝六年（974年），距今已1000余年。女娲庙内长有一株古柏，树高21米，胸围410厘米，树有6大主枝，虽已死亡，但树干上遍布各种凸瘤，形状各异。人们不忍砍伐，像树神一样供人瞻仰。

省府古槐

省政府东北角生长的这株槐树，树高15米，胸围540厘米，树龄850年。

山西省政府大院有6株古槐，树龄多长，只能推断。如果从北宋名将潘美在此设置帅府算起，至今已有1000历史。省府大院一直是山西省的政治中心，历代省府都设在这里。1986年，被定为省级重点文物保护单位。把省政府大院定为重点文物单位，这在全国，独此一家。

省府大院的6株古槐，至今树高挺拔，老干新枝，盘根错节，浓阴四布，生机不衰。它见证了中国家喻户晓的宋代《杨家将》的往事，至今为人们津津乐道。

北宋太平兴国4年，潘美、杨业驻守西北边防以御辽邦，潘美为总指挥，杨业为副总指挥。公元986年，兵分三路北伐辽国。出雁门关后，连克数州。辽兵以10万之众反击南下，对宋军造成极大威胁。由于督军王侁、刘文裕等人的出卖，杨业的军队遭受重创。杨业被俘后叹息到："朝廷待我甚厚，本当讨敌安边，以报国家，不料被奸臣所逼，致王师败绩，我还有什么脸活着！"于是绝食而亡。陈家谷口战役宋军溃败，潘美负有求援不力之责，但并非出卖，真正的出卖者是王侁、刘文裕。小说家张冠李戴，把潘美（潘仁美）说成王侁，显然是"千古奇冤"！通俗小说和电视剧中杨七郎遭杀更是奇谈！

杨业死后，宋太宗赵光义对王侁、刘文裕加以严惩，潘美被贬官三级。戎马一生的潘美，晚年受此挫折，心中郁郁寡欢。一年之后，死于太原帅府之中。历史学家自有评说，院中古槐，就是见证。

拴马古榆

佛教圣地五台山，由五个台状山峰组成，北台叶斗峰海拔 3058 米，号称"华北屋脊"。五台山峰峦叠嶂，溪谷漫流，林木葱郁，花草遍布，是中国北方游览朝圣宝地。

五台山位列中国"四大名山"之首，现有寺庙 50 余座，国家重点文物保护单位就有 4 处。其中大显通寺、集福寺、五郎庙前的榆树，十分壮观，浓阴覆地，树影婆娑，给千年古刹增添了神秘肃穆的风采。

宋代杨家将中的杨五郎，金沙滩大战之后，因愤恨朝中奸臣出家五台山。出家后，他仍是赤心报国，在五台山教练了 500 名僧兵，抗击辽兵。在他训练僧兵时的五郎庙前（又称太平兴国寺），至今仍生长着五郎常在榆树上拴马的古树（人们称此树为拴马榆），高 15 米，胸围 300 厘米，树下竖有五郎和战马的塑像。

洪洞大槐树

"问我祖先在何处，山西洪洞大槐树"。大槐树寻根祭祖园位于洪洞县城北约一公里处，这里是闻名海内外的明代移民遗址，是千百万古槐移民裔根的所在地。

中国有句古语："树高千尺，叶落归根"，它反映了中国人对自己"根"的思念和眷恋之情。水有源，树有根，人有祖，每年都有分别来自海外以及20来个省份的上万移民后裔前来祭拜。

元朝末年，黄河流域水灾不断，饥荒频繁发生，民族矛盾激化，爆发了红巾军大起义，元军残酷镇压，双方激战十余年，两淮、山东、河北、河南等地百姓稀绝。当时的山西，幸免天灾战乱的祸害。明太祖朱元璋立国后，为了巩固政权，决定从山西一带大规模移民。迁出移民主要分布于河南、河北、山东、北京、江苏、安徽、湖南、湖北等地。如此长时间、大范围、有组织、大规模地移民，在历史上绝无仅有。由于洪洞区位适中，又当交通要冲，官府在大槐树旁广济寺设局驻员，发给移民凭照川资，而后迁送南北各地。从洪武三年（1370年）至永乐九年（1416年），先后七次移民达近百万之多，仅1414年迁民就近万户。

据记载，第一代古槐为汉代所植，至明代初年移民时已有1000年历史。不幸的是，清顺治（1651年）因汾河发大水被水淹没。后人以碑代树，以示纪念。碑上镌刻"古大槐树处"，叙述了移民事略。可喜的是，在原古槐上同根滋生了第二代、第三代古槐，可谓一脉相承。

诗颂：寻根洪洞县，

祭祖访槐乡。

瞻仰移民史，

敬思创业章。

大槐千秋茂，

晋味万年香。

枝叶神舟满，

声誉全球扬。

闯王吊打槐

在大宁县曲峨镇西南堡村，生长着一株16米高、胸围720厘米的古槐，当地人称之为"闯王吊打槐"。据《大宁县志》记载，李自成8岁时，随乡亲从陕西米脂县逃荒到大宁，给当地一地主放牛。年幼的李自成由于丢了一头小牛，地主将其吊到槐树上拷打，乡邻房启星知道后，将他带回家中，送他上学。后李自成返回家乡聚众造反，声势浩大，被拥立为闯王，槐树因此而得名"闯王吊打槐"。李自成成为皇帝后，将房启星接到北京侍奉，特以致谢。北京失陷后，房启星又返回大宁。当年李自成送房启星的凉床和牛肝石砚，现在还保存在北京博物馆。

据传，树干右上枝即为曾吊打李闯王的枝干。

双柏亭侧柏

　　中阳县山神庙有株侧柏，觅缝穿石，从树干上侧生出的两个粗壮高大的枝条，犹如哥俩并排比肩往上蹿长，远看像两座耸立的亭子，蔚为壮观，受到人们的青睐。明末清初思想家、文学家傅山先生特慕名而来，观后喜形于色，挥毫题写了"双柏亭"三个大字，留作后人观赏。当地农民特找来一块石板，刻上"双柏亭"字样，压在此柏的树根上。

　　此树高14米，西枝胸围279厘米，东枝胸围314厘米。

此树树高14米，分两枝，东枝胸围314厘米，西枝胸围279厘米，树龄1000年以上。

第六章　古树的特异生态文化

GUSHUDETEYISHENGTAIWENHUA

　　在三晋大地上，生长着上千种森林植被，千姿百态，万紫千红，给黄土高原带来了无限生机。由于各地的土壤不同，气候各异，在大量的森林植被中演变、衍生出适合本地生长的许多特有树种、异树奇葩。有的在北方十分罕见，如古老珍贵的"南方红豆杉"；有的是本地特有树种，如"翅果油树"；有的是我国特有树种，如"猕猴桃"；还有高平的"四味酸枣"、新绛的"五色槐花"、稷山的"白花楸"、古县的"三合牡丹"等，都十分独特，堪称异树奇葩。

翅果油树

翅果油树，是山西省和陕西的特有的树种，主要分布在吕梁山、中条山和乡宁、翼城、平定等地。

翅果油树，落叶乔木，叶卵形，果椭圆形，是很好的木本油料树。叶可作饲料，花粉含蜜量大，是很好的蜜源植物。种仁含油量 51%，出油率 35%，油质优良，可供医药、工业和食用。油的脂肪酸中含有 40% 以上的亚油酸，是制造"亚油酸丸"的主要原料，可治高血压和高胆固醇症。木材可作农具、家具等用材。树的根系发达，富含根瘤菌，是改良土壤和保持水土的好树种。

这株翅果油树生长在乡宁县关王庙乡木凹村，树高 5.4 米，胸围 266.9 厘米，树龄达 1000 年。

南方红豆杉

　　常绿乔木，树皮呈长片状纵裂。小枝黄绿色，继变灰褐色。叶螺旋状排列，基部扭转排成羽状 2 列，条形或披针状条形，上部渐窄，先端锐或突尖，下面中脉两侧各具 1 条黄绿色气孔带，中脉带明晰可见，其色泽与气孔带相异，呈淡绿色或绿色，种子生于杯状肉质红色的假种皮中。

　　在山西省，南方红豆杉主要生长在壶关、平顺、陵川、阳城、垣曲等县。是优良的城镇园林绿化树种。其根、叶、树皮均可入药，种子可榨油。木材纹理直、坚实不裂、耐水湿、耐腐力强，为建筑及家具上等用材。

　　壶关县太行山大峡谷内生长的红豆杉长势很好。

猕猴桃

　　猕猴桃是我国的特有树种。落叶藤本灌木。果实卵形，棕褐色，味甜，有香蕉味。营养十分丰富，含维生素 A、B、C 和多种氨基酸，被誉为 Vc 之冠，可食用和药用。具有滋补强身、调中理气、清热利尿、生津润燥的功能。对胃癌、食道癌、冠心病、动脉硬化和高血压等，都有明显的防治作用和辅助疗效。

　　猕猴桃在山西省唐代就有栽培。主要分布在晋南的平陆、芮城、夏县、垣曲等地。

平陆县猕猴桃园果实累累

漆 树

　　漆树是我国的特有经济树种，既是天然的涂料和油料树，又是优良的用材树种。漆树上割取的生漆，除用于建筑材料涂料外，还广泛用于工业设备的防腐涂料。漆树油既可作工业原料，还可以食用；漆树的叶和根，还可以制农药。

　　漆树为落叶乔木，原产于我国的南部和中部，有 3000 年的栽培史。在山西省的中条山、太岳山、吕梁山等地，长势很好。

这株漆树生长在中条山自然保护区内，树高 16 米，胸围 580 厘米。

这株漆树生长在中条林局中村林场，树高 15 米，胸围 460 厘米。

白皮松

白皮松为温带树种，我国特有。山西省中条山、太行山、吕梁山等地均有分布。蒲县和太原西山都有天然的混交林或纯林。翼城、临汾、乡宁等县市的寺庙中，还保存有较大的白皮松。

白皮松又称白骨松，常绿乔木。幼树皮光滑，灰褐色，树皮脱落后骨皮呈粉白色。树形多姿，苍翠挺拔，树皮奇特，别具风格，是城市和庭院绿化的优良树种。

白皮松木材为黄褐色，纹理斜而均匀，具有光泽，花纹美丽，含有树脂，可作家具、文具等用材。球果煮水有祛痰、止咳、平喘之功效。

这株白皮松生长在平顺县石城镇枣林村，树高 10.6 米，胸围 390 厘米，枝叶重生，近似球状，好像一个绣球，当地人称"绣球松"。

这株白皮松生长在临汾市土门镇魏家汕，
树高 21 米，胸围 596 厘米，枝叶茂盛，远看
好似一朵彩云。

四味酸枣

　　这株酸枣树生长在高平市石末乡石末村，树高 11 米，胸围 190 厘米，树龄 2000 余年。树干东面无皮，西面长出许多像灯笼一样的图案。枝叶不太繁茂，但每年仍能结果，果实有酸、甜、苦、辣四种口味，当地百姓将其奉为神树，取其种子做药。林业专家认为，这棵罕见的古酸枣树王，对研究酸枣的起源、分布和乔木、灌木划分的界限，以及树木寿命和生态环境的关系有着重要的作用。

　　此树生命力极强，每年都有新枝萌发。

石末村内的酸枣树

紫霞仙牡丹

在太原市双塔寺景区内，长着一种历经沧桑的明代牡丹，名为紫霞仙，距今花龄已400余年。

相传唐代杨贵妃死后，唐玄宗悲痛万分，整日郁郁寡欢。一日，玄宗来到后花园，朦胧中遇见杨贵妃，令他悲喜交集，大喜过望。待他清醒过来，爱妃不见踪影，原是一株牡丹，色彩绚丽，浓郁芳香。玄宗认定此牡丹是贵妃化身，故将此花御封为"紫霞仙"，在园中精心培养。

到明代万历年间，紫霞仙从古长安移植到太原，国色天香，首冠群芳。

太原市双塔寺（永祚寺）

天下第一牡丹——三合牡丹

闻名天下的"三合牡丹",生长在古县石必乡三合村,距县城20公里。

据说在公元684年一个数九寒天的冬日,女皇武则天同文武群臣赏雪饮酒。酒过数巡,武后已带醉意,便乘兴下诏:"明朝游上苑,火速报春知,花须连夜发,莫待晚风吹。"上林苑总管百花的女神,其日恰好不在洞府,众花接旨后无处请示,只好连夜纷纷开花,唯有牡丹花不愿"逞艳于非时之侯,献媚于世主之前",次日,武皇游赏群芳园,但见百花怒放,唯独不见牡丹争艳。武后大怒,火烧牡丹两千株,又将皇宫内剩余的四千株牡丹贬配洛阳。在发配牡丹途径途经岳阳(今古县)三合村时,但见村旁有一条小河,清清的河水日夜不断,村周起伏的山峦上,宝塔似的刺柏四季常青、霜后的枫树一片红,山清水秀,景色迷人,众牡丹仙女十分喜欢这个地方。其中有一株白牡丹深恶权势,决心绝交权贵,离别荣华。于是带着四株芍药偷偷溜走,落脚三合村。

第二年春天,三合村的庙院里长出一株白牡丹,高约6尺,冠幅丈余,四株红芍药花列左右,人们联想到武皇贬花的故事,又见时有白衣姑娘到河里嬉戏,来无踪、去无影,便烧香参拜,敬若神明。

这株牡丹植于唐代,距今1300多年历史。株高2.3米,丛围16米,2007年单株着花621朵,花大如盘,瓣白如玉,雍容华贵。花开时节,香飘数里,善男信女,观者如云,人称神牡丹。2008年6月中国花卉协会牡丹芍药分会派专家组实地考察论证确认:古县牡丹是迄今为止中国最大的单株牡丹,堪称"天下第一牡丹"。

诗颂:山右无双绝,神州第一芳。蕾开花亮玉,枝展叶迎光。

观色三江醉,闻香五岳狂。多娇千载赞,享誉牡丹皇。

树上长葡萄

太谷中学校园内的一株近 1000 年的古柏树上，生长出两株山葡萄，形成了独特的自然奇观。

这株古柏胸围 405 厘米，主干东南方向有 40 厘米宽的一条树皮缺失，木质外露。在外露部位，有一孔洞，生出两株山葡萄，与古柏共生共荣。山葡萄长得密密麻麻，占据了半个树冠，每到秋季，不成串的山葡萄果实累累，晶莹剔透。

白花灰楸

　　这株白花灰楸，生长在稷山县太阳镇勋重村，山西省仅此一株。该树树高 16.7 米，树龄 1000 年以上。据专家考证，此树是紫花灰楸的新变型，是一种十分理想的园林树种，当地称之为"白花楸"。

　　据村里老者讲，这里原有一老白花灰楸，4 个人都合抱不住。1940 年日本侵略军将原树砍倒当柴烧掉，1941 年又重生出传宗接代的树。

　　相传，在唐朝时，勋重村叫魏记村，因该村出了一个驸马薛万荣，受奸臣张世贵陷害，群众为纪念驸马的功绩，将魏记村改为勋重村。据说这株白花灰楸为驸马薛万荣亲手所栽。

　　每年 5 月，楸树盛开白花，好像白云缭绕。

古柏长枸杞

　　在太谷县东南街文庙院内生长着一株 800 多年的侧柏，树高 14 米，胸围 335 厘米。令人惊奇的是，在这株古柏下端树干分杈处又长出了一株枸杞树。

　　据了解，枸杞树之所以能在古柏树上生长，原因是此古柏树杈宽大，多年积尘形成"小花盆"，有人将枸杞种子种其中，遇雨种子发芽，在古树杈上扎了根。

"仙人洞" 旱柳

定襄县董家堰乡智家沟村长有一株旱柳，树高 15 米，胸围 769 厘米，根围 1210 厘米，树龄逾 1000 年，远看犹如一大底座花瓶直立大地。此树基部有一内径为 1.5 米大的空洞，可蹲 12 个人，十分罕见。真乃天生一个仙人洞，别具风景在树中。

关公庙 "悬根松"

　　这株油松长在潞城市黄池乡鼎留村关公庙后的一个土丘山，树下边是土窑洞。树高 7 米，胸围 125 厘米，树龄逾 1000 年。树根离地面 1 米高处有 24 条根外露，最长一条 6 米，最粗一条 0.27 米，根盘为 20 米。这是一株具有观赏价值的奇特树。

　　诗颂：关庙有奇松，高坡展盛容。

　　　　　百根拔地起，一干向天升。

　　　　　冠亮云飞壮，姿呈凤舞形。

　　　　　千秋凝翠色，世代荡风情。

破石古松

霍县山里峪生长着一株形体独特、郁郁葱葱的古松，树高4米，胸围408厘米，它不是生长在肥田沃土中，而是顶破了一块岩石，在巨石的夹缝中挣扎向上生长。也许它有着特殊的生理机能，硬是吮吸着石头缝中赋予它的营养，支撑起它巍峨的身躯。它笔直无语，挺拔伟岸，不禁使人想起郑板桥的诗句：

诗颂：咬定青山不放松，立根原在破岩中，

千磨万击还坚劲，任尔东西南北风。

第七章　古树的名人名树文化

GUSHUDEMINGRENMINGSHUWENHUA

　　中国有句俗语："前人栽树，后人乘凉"。这句朴实无华的俗语，道出了中华民族崇尚的美德和价值观，至今得以光大发扬。

　　历史上有许多名人志士在三晋大地上植过树。人们为缅怀他们的丰功伟绩，在他们的故居、墓前栽过树。如今这些古树已成为参天大树，成为历史的见证，给后人留下了"为人造福"的宝贵精神财富，成为中华民族所崇尚的美德和价值观。赵国的蔺相如、唐代的狄仁杰、元代的傅严起、清代的于成龙，当今的朱德、彭德怀、贺龙、徐向前、王震、秦基伟等都给后人留下了宝贵的精神财富。

蔺相如墓旁槲树

古县北平镇李子坪村蔺相如墓处，有一株槲树，树高 18 米，从地面分成两枝并长，胸围 345 厘米。据当地群众讲，这株槲树为纪念蔺相如所栽，树龄至少在 500 年以上。

槲树为落叶乔木，花黄褐色，果实球状，硬壳，外披针形苞片。叶子可喂养柞蚕，树皮可做染料，果壳可以入药，还可以提取栲胶，木质坚实，纹理美观，可供建筑或制家具。

公元前 292 年，赵国上卿蔺相如带璧入秦，不辱使命，据理力争，"完璧归赵"，为国屡建奇功，被赵王封为上卿大夫。

诗颂：屹立蔺公坟，
茎高枝抚空。
冠藏和氏璧，
叶颂将相情。
两桩英雄事，
一株槲树承。
爱国千载传，
和睦万家兴。

狄村唐槐

太原狄村，是唐代名臣狄仁杰的故乡。为纪念狄仁杰，太原市人民政府在狄村建造了"唐槐公园"。

"唐槐公园"内矗立着康熙年间由知县戴梦熊竖立的"狄梁公故里碑"和一株枝繁叶茂的巨大古槐引人注目。据记载，此槐是狄公母亲所栽，距今已有1300多年，树高9米，两大分枝，胸围分别为439厘米和376厘米。最早的狄公祠，就建在槐树附近。

古槐形态奇特，宛如卧倚之虎躯，形式绮丽的苍龙。因为人爱护，至今古槐岿然，新枝绿吐。唐槐公园中，围绕唐槐广植数十种花木，并建仿唐风格的长廊、重檐厅、月亮门等，成为纪念狄仁杰及太原游览胜地。

狄仁杰，是太原最杰出的历史名人之一，有"北斗之南、一人而已"之誉，在唐代被朝野公认为"唐祚送俊之臣"，历任都督府曹、大理丞、宁豫二州刺史，武则天时期，直至宰相。狄仁杰一生政绩颇丰，不畏权势，直言力谏，秉公执法，成为唐朝一代名相。

诗颂：狄公慈母栽，名亮晋阳牌。

枝展飞龙态，阴遮卧虎宅。

根藏神探智，叶赞宰相怀。

庭院植槐树，人间出巨才。

傅严起坟地龙柏

　　据汾西县志和碑文记载，汾西县永安镇有株龙柏，原长在傅严起的坟地。此人在元朝时，由举人到进士，官至左丞相，多著勋绩。他死后，当地人在他墓前栽了一株龙柏，并立神道碑，其碑对联为："列位上卿千秋不朽，名垂竹帛百世如生。"

　　这株龙柏树高15米，胸围254厘米，树龄700年以上。

元代左丞相傅严起原墓地所栽龙柏。

陈阁老与七叶树

　　这株七叶树生长在阳城县润城镇东山村马沟自然庄陈阁老花园内，为村人纪念陈阁老所栽。此树树高 17.6 米，胸围 354 厘米，树干 2.7 米处分生 7 大枝，树干中空，树根西北方向有一个大疙瘩。

　　陈廷敬生前为清朝康熙皇帝的老师，号称陈阁老。死后在他的故居修建了一座皇城和一座花园，并栽下了这株十分珍贵的七叶树。七叶树传自印度。

　　七叶树，果似板栗，种仁可做生、熟食品，种子可以入药，能活血、益气、养胃、补肾。

于成龙与卫矛

　　于成龙，字北溟，山西永宁州（今山西方山县）人，生于明万历四十四年（1616年），卒于清康熙二十三年（1684年），为清代名臣。于成龙明崇祯十二年举副榜贡生，清顺治十八年（1661年）出仕，历任知县、知州、知府、道员、按察使、布政使、巡抚和总督、兵部尚书、大学士等职。在20多年的宦海生涯中，三次被举"卓异"，以卓著的政绩和廉洁的一生，深得百姓爱戴和康熙帝的赞誉，以"天下廉吏第一"蜚声朝野。

　　这株卫矛，生长在方山县武当镇来堡村于成龙故居院内，树高13米，胸围362厘米，树干上长有三个硕大的树花，这种树花，据说需要千年以上古树才能形成。

诗颂：卫矛珍贵树，廉吏栋梁官。

　　　　北国故居绿，南缰巡抚贤。

　　　　茎高扬伟绩，冠大赞青天。

　　　　榜样人人敬，神州代代传。

冯玉祥爱树

20 世纪 30 年代，爱国将领冯玉祥将军曾在汾阳县峪道河镇赵庄村居住。居住期间，亲自在双亲墓地栽植油松 100 余株，发布告示，严加爱护，至今仍保存 100 余株。

冯玉祥将军一生爱树护树，走到哪里都要栽植树木，留下绿阴。他在驻守江苏省徐州期间，为护好当地所栽林木，特写下一首脍炙人口的护林诗：

老冯驻徐州，

大树绿油油，

谁砍我的树，

我杀谁的头。

红星杨

　　这株小叶杨生长在武乡县韩北乡王家峪村，胸围292厘米，树高26.65米，冠呈伞形，枝叶繁茂。此树小枝横断面髓心呈五角形，当地群众称之为"红星杨"。

　　此树于1940年清明节由朱德总司令所栽。由于当地群众对总司令的景仰，十分爱护此树，得以茁壮成长。70年代初，特修筑一道护树石栏，还修了一座参观石桥，并立碑纪念。

　　诗颂：巍巍一白杨，浓阴好乘凉。

　　　　　朱总何曾去，红心留太行。

彭总榆

武乡县石门乡砖壁村有株榆树，为彭德怀同志亲手栽植，因是当年八路军总部的所在地，当地群众把此树称之为"彭总榆"。

1939 年 6 月，八路军总司令部迁到武乡县城外 45 公里的石门乡砖壁村。当年秋天，彭德怀副总司令在总部院里栽植了这株榆树，并在树周围种上刺玫篱笆。如今这株榆树已高达 19 米，胸围 228 厘米，整个树冠由 11 枝组成，犹如一把大伞，枝叶繁茂，生机盎然。这里已建成了八路军总部纪念馆，榆树成了当年的历史见证。

诗颂：苗木蔚成材，榆钱满院开。

馨香萦肺腑，彭总几时回。

六柳亭

在吕梁山区的兴县蔡家崖，生长着6株柳树，是贺龙同志在抗日战争时期亲手所栽。6株柳树围成一个六边形，树中间摆着石桌石凳。6株柳树，枝叶繁茂，绿阴蔽日，仿佛凉亭一般，人们形象地称之为"六柳亭"。当年毛泽东、周恩来、任弼时、贺龙等老一辈无产阶级革命家曾多次在树下研究抗日、解放战争大事。

如今，这6株柳树，胸径已分别长到24厘米、30厘米、21厘米、40厘米、37厘米、42厘米，平均高度6.97米，6株树冠垂直投影面积193平方米。

当时蔡家崖是晋绥边区政府所在地，也是八路军120师的驻地，贺龙时任120师师长。

诗颂：兴县六柳亭，贺龙培育成。

　　　　救亡根据地，抗日指挥厅。

　　　　领袖巧筹划，雄师战术灵。

　　　　红亭扬众志，驱寇建奇功。

六柳亭柳树排列有序，自然形成"树亭"。

徐帅植槐

临汾市大阳镇东堡村内，长着一棵高大的槐树，高10米，胸围95厘米，枝叶繁茂，树冠呈馒头形，冠幅8.5米×8.5米。

这株槐树，是1948年3月，解放大军攻下临汾古城时，由时任华北军区司令员徐向前同志亲手所栽。这株槐树既是解放战争胜利的象征，也是徐帅爱树的见证，当地群众把这株树称之为"元帅槐"。徐帅逝世后，当地群众更加爱护此树，以此寄托对他的景仰之情。

这是徐向前元帅当年指挥解放临汾战役时居住的小院大门。

当年的小房东杨生光先生撰写缅怀徐帅功绩的诗文。

左权英灵

　　晋中市左权县辽阳镇北街村，有一株唐槐，树高15米，胸围578厘米，树龄1500年左右。该树历经战火硝烟，天灾人难，至今巍然矗立，生机盎然。此树对面，建立了左权烈士陵园，成了抗日英雄永垂不朽的见证。为缅怀左权将军，人们常来此祭奠，香火不断。在20世纪80年代，还以老槐树为题，排演了歌舞剧《家乡有棵老槐树》，以慰左权将军英灵。

华老母校垂柳

在吕梁市交城县城内完全小学校院内长有两株垂柳,左面一株高 16 米,主干高 3.2 米,胸围 510 厘米,冠幅 15 米 ×13 米;右面一株高 9 米,主干高 3.5 米,胸围 480 厘米,冠幅 4 米 ×7 米,两株垂柳树龄约 700 余年。

交城县城内完全小学校始创办于 1904 年,其前身为养正书院。100 多年来,孕育、培养了大批英才。原中共中央主席、国务院总理、中央军委主席华国锋同志,1933 年曾在该校就读,之后走上了革命道路,为中国革命和建设建立了不朽的功勋。华老曾在 20 世纪 90 年代视察了这所学校,并为该校题词,还题写了校名。

百年风云,造就了城内小学校骄人的业绩;百年求索,积淀了城内小学校科教兴国的信誉,也浇铸了城内完全小学校不朽的丰碑。

华老题写校名的大门

华老为学校题写的"勤奋求知,团结向上"

将军树

　　1973 年，全国核桃现场会议期间，时任国务院副总理的王震将军，将陕西商洛地区的优良品种——牛蛋核桃交给出席会议的汾阳林业劳模王厚富，要他在汾阳种植并推广。王厚富对此树种如获至宝，精心培育，倍加爱护，落地生根。

　　为纪念王震将军，当地群众把这株牛蛋核桃誉为"将军树"。此树高 11 米，胸围 130 厘米。

秦基伟植柏

左权县麻田镇，是抗日战争时期八路军总部所在地，新中国成立后，人们怀着敬仰之情，前来参观的人络绎不绝。一些参加抗日战争的老同志，不忘老区人民，先后来到老区慰问，缅怀先烈。

1986年3月，时任中央政治局委员、国防部长的秦基伟再次回访麻田，在原八路军总部院内栽植了一株侧柏，如今已成大树，生机盎然，郁郁葱葱，树高15米，胸围100厘米。

白求恩松

　　五台县耿镇松岩口村龙王庙是抗日战争时期晋察冀边区的野战医院所在地。1938年4月，加拿大共产党员、著名医生白求恩受组织的派遣，组成医疗队来到这里组建野战医院，支援抗战，救死扶伤，日夜辛苦，挽救了许多伤病员。1939年11月，因医治伤员不幸中毒感染，逝世于河北完县。他的医德高尚，技术精湛，深受边区军民称赞。为此，伟大领袖毛泽东特撰文《纪念白求恩》，对白求恩毫不利己、专门利人的精神给予高度赞扬。这所野战医院由此正名为白求恩模范医院。

　　在白求恩模范医院内，长有一株高大的油松，白求恩生前经常在这里给伤病员治病，并组织医务人员在此上课、学习。如今，这株100多年的油松已长成参天大树，生机盎然。为纪念白求恩，人们把此树命名为"白求恩松"。

　　这株油松高22米，胸围305厘米。

　　诗颂：叶茂枝繁立院中，
　　　　　浓阴营造大凉棚。
　　　　　恩公树下疗伤病，
　　　　　松贯中加友谊情。

刘胡兰烈士生死树——柳树

"生的伟大，死的光荣"——这是毛泽东同志亲笔为刘胡兰烈士题写的光辉题词，是对刘胡兰烈士的极高评价，也是对一切为共产主义事业奋斗牺牲的革命烈士的崇高赞誉。

刘胡兰烈士是吕梁市文水县云周西村人，1947年1月12日，年仅15岁的共产党员刘胡兰同其他六位共产党员为了掩护群众，一起在这株柳树下，被阎锡山的军队残忍地用铡刀杀害了。刘胡兰等烈士牺牲后不久，这株柳树一半枯萎，慢慢死了，另一半却活得很好，郁郁葱葱、枝繁叶茂。当地群众感慨地说，胡兰活着时，总是替别人想得多，处处为群众着想，从来不考虑自己，为了保护群众，她把生的希望给予了全村人民，却把死留给了自己，为革命流尽了自己最后一滴血，连这株柳树也被感动了。

当地群众称这株柳树为刘胡兰生死树。并做了围栏，加强了保护，竖立了石碑，永志纪念。

刘胡兰烈士就义处

尹灵芝烈士就义处

女英雄尹灵芝就义林

这片古树林位于寿阳县宗艾镇瑞像寺院内，共有槐树 13 株，小叶朴 2 株。平均树高 11 米，最大胸围 235 厘米，最细的 97 厘米，树龄 100 年以上。这里是刘胡兰式的女英雄、共产党员尹灵芝英勇就义之地。

1947 年 11 月 3 日，阎军 49 师在瑞像寺大戏场设下刑场，威逼宗艾镇群众在戏场内开会，惨无人道地用铡刀将年仅 16 岁的女英雄尹灵芝铡为三段，与尹灵芝同时遇害的还有两位革命烈士。这 15 株古树成为了阎军惨杀革命烈士的历史见证。

英雄槐

晋中市榆次区长凝镇东长凝村，长着一株古槐，树高 12 米，胸围 600 厘米，近 1000 年树龄，人称英雄槐。

1944 年，榆次路东抗日根据地一区副区长高国杰，化名康立斋，不幸被汉奸告密，被日军抓捕，久经酷刑，坚贞不屈。6 月 18 日，日军把高国杰绑在老槐树上，将其双手钉于树干，鲜血直流，然而高国杰面无惧色，慷慨陈词，奋力疾呼："宁愿抗日死，不做亡国奴！"最后日军用刺刀刺穿英雄身躯，残忍将其杀害。

英雄逝去，忠魂永驻，与天地共存，与日月同辉。为纪念英雄，此树誉为英雄槐。

"韩赠惨案"古槐

1940年9月8日（农历八月初六），由于汉奸告密，日寇吉冈部真春部在寿阳县韩赠村这株古槐周围，惨杀无辜村民364人，其中39户被杀绝灭门，82户成为孤寡，杀死牲畜70余头，烧毁房屋154间，制造了耸人听闻的"韩赠八六"惨案。新中国成立后，村民将死难人员集中埋葬在距离古槐不足百米，当年的屠杀现场，并树立石碑，以示纪念，永志不忘。

这株古槐，高28米，胸围742厘米，树龄1600年，树冠巨大，生长茂盛，成为日寇当年屠杀中国人民的见证。

碑亭处，即为死难人员的陵墓。

庙前圆柏

晋中市寿阳县南燕竹镇于家庄村七月庙前，原来并排生长着两株圆柏，高大挺拔，苍翠耸立，远近闻名。1937年卢沟桥事变后，日本鬼子侵占华北，大肆掠夺我国资源，在寿阳县黄丹沟大量开采优质煤炭，到处砍伐树木用作坑木。鬼子听闻于家庄有两株大树，便押解劳工前来砍伐，将其一株砍倒。此树倒地后遂断为数截，木材破裂，不为所用，另一株才免遭劫难，得以生存至今。此树高14米，胸围290厘米，树龄800年。离奇的是，被鬼子所砍伐的那株树桩，历经70余载，仍不腐烂，气节高尚，益气飘香。尚存的那株柏树，每年所结的籽，与十二生肖相像。

第八章　古树的经济文化

GUSHUDEJINJIWENHUA

　　山西果木，开发很早，尚存古老者，树龄在 2000 年以上，就是活的见证。因为果木经济价值很高，具有丰富的营养价值和药用价值，因而早为先民所重视，因地制宜，适地适树，大量培栽。如汾阳的核桃、泽州的山楂、万荣的橘密柿、稷山的板枣、太谷的壶瓶枣、交城的骏枣、柳林的木枣、雁北的沙棘、吉县的苹果、平顺的花椒，都很有规模，闻名于世，产品畅销国内外。因山西的经济林历史悠久，独具特色，效益丰厚，构成了自身的古树经济文化。

　　改革开放以来，各地把发展经济林作为农村致富的一项重要手段来抓，科学规划，因地制宜，集约经营，使全省经济林得以快速发展，农民收入显著提高。

汾阳核桃

山西汾阳核桃皮薄仁满，光滑美观，味道鲜美，营养丰富，颇受国内外市场青睐，多年来，出口量在全国名列第一。

汾阳核桃产于古代的汾州。古汾州的辖区，即今天的孝义、交口、汾阳一带。汾州核桃距今已有2000多年的栽培历史，在汾阳县南偏城村，500年以上树龄的老核桃树还有100多株，其中最粗的一棵，主干要5人才能合抱。传说当年闯王李自成从陕西进军路过这里，曾在该树下歇息。

汾阳核桃是古汾州众多核桃的总称，其主要品种有光绵皮、纸皮、龙眼、大花等10多种，近年来，还培育出了晋龙一、二号、大果一号、晋薄等一系列核桃新品种，其中晋龙一号是我国第一个晚实优良品种。美国核桃专家西柏莱到汾阳考察晋龙一号时说："该品种的品质已超过了美国主栽的几个核桃品种，达到了世界先进水平"。2013年7月，获第七届世界核桃大会金奖。

目前，汾阳核桃的栽植面积达到15万亩，年产量600万公斤。汾州核桃不仅行销全国，而且免检出口到加拿大、日本、法国、新加坡等国及港、澳、台地区，汾阳已成为全国良种核桃出口基地。

诗颂：汾阳长寿果，

　　　三晋美名扬。

　　　健脑功能好，

　　　壮身营养良。

　　　皮薄仁饱满，

　　　餐用味香甜。

　　　历代皇家享，

　　　今朝共品尝。

生长在南偏城的这株核桃树单株产量最高为 1300 斤，群众称为"丰产王"。

蒲县万亩核桃基地

蒲县核桃

蒲县核桃栽培历史悠久，在清光绪六年（1880 年）续修《蒲县志》中，详细记载了蒲县核桃的栽培历史和规模。远在 300 多年前就开始规模种植，形成产业。近年来，蒲县发挥当地优势，把核桃作为农业调整的重点，迅速发展核桃近 10 万亩。所生产的核桃已通过国家农业部"无公害农产品"认证和"蒲县核桃"地理标志认证，年加工核桃 2000 多吨，精炼核桃油 200 多吨。2005 年，当地生产的"养益核桃"、"养益核桃仁"获临汾市农业新产品新技术展销会名牌产品。2012 年，获中国（山西）特色农产品交易博览会金奖。

泽州山楂

　　泽州陈沟乡柏杨坪村有一块镶在墙上的石碑，是清代乾隆年间留下的。碑文告诫村民：我村地处山丘，别无他产，幸有先人广植山楂，实为我辈衣食须臾不可离也，全村男女老幼当人人珍惜爱护，有随意毁坏者，定予重处。

　　"泽州红"山楂，是享誉三晋的地方名产，其个大质优，果皮深紫，果肉粉红，酸甜适中，在众多的山楂品种中一枝独秀，被评为全国优良品种。

　　"泽州红"山楂营养丰富。据分析，其果肉含钙量居其他水果之首，含铁量仅次于樱桃，含维生素 C 比苹果高出 16 倍。

　　山楂浑身是宝，除果实外，叶、花、枝、根、树皮、种子皆可入药；山楂的树皮和根含有单宁，可用于染料工业，嫩叶可作茶饮，木材坚固质密，可作施工用材或农具柄把；山楂树冠整齐优美，枝繁叶茂，春季繁花白中透红，秋天绿叶中点缀着紫红的果实，令人赏心悦目。

　　目前，泽州全县有"泽州红"1000 万株，一般树龄均在 100 年以上，古老者达 500 年之久，年产鲜果 2000 万公斤，成为全国山楂五大产区之一。

这株山楂生长在陈沟乡乔岭村，树高 9.6 米，树龄 500 年以上，产量最高达 750 公斤。

平顺花椒

　　平顺是我国最早栽培花椒的地区。据有关资料记载，早在唐代就开始种植花椒。经过长期的培育，品种多达十余种，有大红椒、大绿椒、小红椒、狗椒、白沙椒等，其中大红椒最好，产量大，耐寒，味香，出油率高，有十里香之称，多年来畅销全国，出口欧美、东南亚许多国家。近年来换代新品种——大红袍，使平顺的花椒种植业迈上了新台阶。1994年大红袍获全国林业名特优新产品博览会花椒唯一金奖，之后又被国家民政部命名为"中国大红袍花椒之乡"。

　　平顺花椒皮厚，颜色纯正，香味扑鼻，是上等的调味佳品，全县15个乡镇的花椒产量约占全省花椒总产量的三分之一。秋收季节，满山遍野红星点点，数里之外，香气四溢。

　　为变花椒优势为经济优势，1998年平顺县成立了集科、工、贸为一体，公司加农户的新型股份制企业——平顺县大红袍开发有限公司，充分利用当地资源，已研制开发出绿色食品系列、绿色调味油系列、辣酱系列、调味汁系列、火锅料系列、芽菜系列等6大系列50余种产品，并新建优质大红袍花椒原料生产基地4万亩，建立日光温室花椒芽菜大棚30栋。在全国20多个省（直辖市）、100余个大中城市设立了办事处、代理商，产品进入了1800多家大中型超市，且远销港澳地区及新加坡、蒙古、加拿大等国际市场。

稷山板枣

稷山地处山西南部，相传为后稷教民稼穑的地方。板枣在这里已有 2000 多年的栽培历史，板枣皮薄，肉厚，核儿小，紫里透红，味甜色美，在山西名枣中排名第一。1981 年，全国红枣评比会上被评为总分第一名，1994 年又获得林业博览会金奖。

板枣一大特点是含糖量奇高，鲜枣含糖量 33.7%，干枣含糖量 74.5%，干枣可以拉出 30 多厘米长的糖丝。经过干制的红枣，果形饱满，果皮光洁，长时间挤压后一旦放松，仍能恢复原状。由于板枣品质好，历史上久负盛名，曾作为贡品，敬献帝王御用。明朝万年间，官府还号召人民广栽枣树，并把枣树作为纳税对象。据《稷山县志》记载："不栽枣树和不纳税者充军。"因此，明末稷山已是枣林莽莽，一望无际。

板枣为稷山县树。如今全县枣树已发展到 70 万株，年产量达到 600 万公斤，产品畅销全国，并出口日本和东南亚地区。

太谷壶瓶枣

　　太谷县的白燕村（即闻名遐迩的箕城遗址），生长着一片古老的壶瓶枣树群，当地人叫九宫枣园。该枣园枣树栽植形式依我国传统文化五行八卦九宫形式栽植，因此而得名。这个枣园现存枣树40株，其最大的两株分别名为"枣王"、"枣后"。"枣王"树高17米，胸围270厘米，每年产枣1000余斤，最高年份2000余斤；"枣后"树高16.5米，胸围270厘米，冠幅投影254平方米，产枣与枣王基本相似。两株树龄均在3000年以上，其他38株，均在1000年以上。这些枣树一直生长茂盛，为人类年年奉献甜美果实。

　　在九宫园四周，还零散栽植着上1000株壶瓶枣树，树龄均在300年以上。因太谷盛产红枣，质地优良，驰名中外，因此太谷被誉为"中国枣乡"。

　　诗颂：太谷壶瓶枣，乡民百代培。颗颗红映日，树树绿生财。

　　　　　　肉厚甜如蜜，皮薄色胜梅。株高产量大，三晋堪称魁。

枣树群，树龄1000年以上，树年产枣300余斤。

此树为"枣后"，每年产枣 1000 余斤，最高年份产枣 2000 余斤。

临县开阳木枣

　　临县曲峪镇开阳村盛产木枣，历史悠久。据《临县志》记载：早在西汉时期，临县就有人栽种枣树，而以开阳较为驰名。这些枣树古老粗壮，最大的枣树高 15 米，胸围 200 厘米。

　　开阳木枣质佳，粒大，肉厚，核小，香甜可口，久负盛名。2012 年 8 月，开阳木枣获农业部地理标志保护。

苹果质地优良

从 20 世纪 80 年代中期以来，水果已成为山西重要的特色农产品和农民增收的重要产业。据业务部门统计，截至 2012 年年底，全省果园面积达 811.8 万亩，果品产量达 762.94 万吨，总产值达到 183.75 亿元，农业人口人均果品收入 778.6 元。其中苹果面积 508 万亩，产量 495.39 万吨，分别占全省果园面积、产量的 63%、65%。

苹果优势栽培区集中分布在晋南丘陵区、吕梁山南麓边山丘陵区和晋中丘陵区的 30 个县（市、区）。以富士系列为主的中晚熟苹果占全省苹果总面积的 60%，以红星、新红星等元帅系列为主中熟苹果占全省苹果栽植面积的 10%，其他优良苹果品种占全省苹果栽植规模的 30%。

近年来，山西省大力推广果品精细化管理，果品质量极大提高，提升了山西水果在国际市场上的竞争力。在历年的各种水果博览会上，山西水果获得了多项荣誉，如吉县"壶口"牌苹果，曾荣获首届中国农博会苹果类唯一金奖，第三届中国农博会"名优产品"称号，1996、2000、2001、2002 年中国国际果品博览会"名牌产品"称号；1993 年平陆红富士苹果被第二届中国农业博览会评为金奖。

梨树历史悠久

　　梨树，原产于我国，生产历史悠久，早在公元前就有栽培。梨果营养丰富，除含80%折水分外，含多种糖类、维生素和微量元素，还含游　酸、果膠物质、蛋白质、脂肪、钙、铁、磷等矿物质。既是滋补佳果、又是降热解毒、润肺凉血、消炎下水、生津利尿的良药。梨树的树皮、叶片、花朵均可入药。

　　梨树品种较多，如鸭梨、雪花梨、酥梨、油梨、秋白梨、慈梨等优良品种，在山西省多有分布。山西省的原平、高平、隰县等地，早为产梨基地。隰县的"隰州玉露香梨"，2000年被北京国际农业博览会上命名为"中国名牌产品"。祁县的"康泰牌酥梨"2005年被中国果品流通协会授予"中华名果"称号。

隰县"隰州玉露香梨"

原平康村白梨，已1000年以上历史，虽已古老，至今仍然结果。

高平西曲肖梨树

祁县酥梨

夏县板栗

　　据清康熙年间编纂的《夏县志》记载："栗出东山，小者最佳。"夏县板栗以泗交镇栗路村的板栗最为有名。1989年，夏县板栗研究所的科研人员从当地实生品种中选育出早实、丰产、果大、质优的优良品种"栗路1号"，其坚果比普通品种大1倍，品质上乘，被专家评为山西省名优干果。

　　据山西省农业科学院化验分析，夏县板栗含蛋白质8%~12%，淀粉50%~60%，脂肪4%~7.4%，还有18种氨基酸成分。以色艳、有光泽、水分少、出粉率高、质地细腻、风味好、易剥皮而著称。夏县名吃"栗子烧鸡"、"栗粉窝头"，自古以来就被称为上等食品。

此树生长在夏县泗交镇栗路村，树高11.8米，胸围332厘米，树龄400年以上。

万荣橘蜜柿

橘蜜柿为山西柿子的代表品种，又称八月红。果色橘红，因形似橘，甜如蜜而得名。主要产区在山西万荣县。

橘蜜柿肉质松脆，肉多纤维少，无核且品质极佳，据测定，其果实含酸量 0.04%，总糖量 12.7%，糖酸比 317：1，单宁含量仅为 0.1%，鲜食制饼均宜。用橘蜜柿加工的柿饼，无核，绵软，香甜可口，饼霜特厚，将柿饼掰开，可拉出 30 厘米多长的糖丝，如果把柿饼放在碗中，用开水一冲，过不了多久便溶化成糊状，群众又称之为"水化柿"。明清两代，橘蜜柿一直是地方官吏向皇宫进贡之品。其栽培历史，达 500 年之久。

这株柿树，生长在万荣县高村乡冯村，树高 12 米，胸围 226 厘米，树龄 300 余年，一般年产量 900 多公斤，最高 1200 公斤，号称"柿子王"。

清徐葡萄，挂满枝头。

清徐葡萄

　　太原市清徐县盛产葡萄，以马峪乡西梁泉村栽培历史最为悠久。该村的"黑鸡心"葡萄有 400 多年的栽培历史。近几年来，调整产业结构，更新优良品种，大力发展"红提"、"巨峰"等品种，产量大幅提高，市场前景非常看好。

马峪乡西梁泉村的葡萄架。

杏 树

杏树，又名甜梅，落叶乔木，在我国栽培历史悠久。古时为观赏树，汉代以后在各地逐步发展起来。

杏树浑身是宝，果实汁液多，味香甜，含有丰富的矿物质和维生素，具有润肺、散寒、滑肠、祛风止咳、止泻之功效。种仁为常用中药，可祛痰、止咳、定喘、润肠、下气，鲜果可制杏脯、杏干、杏酱、果丹皮等食品，种仁可制杏仁茶、杏仁酪等饮料。根皮可作染料，杏核可制活性炭，木材可作家具和工艺品。

杏树适应性强，山西广大平原、丘陵和山区均有分布，是农村致富的一种很好的经济林。

这株古老杏树生长在永济市清华乡土乐村。树高11.2米，胸围251厘米，投影面积39平方米，树龄100年以上，枝叶茂盛，年产果150公斤。

海 红

海红，又名海棠果。小乔木，高3~8米，叶卵圆形或椭圆形。伞形花序，花瓣白色，花蕾时粉红色，果实近圆形，红色。果梗细长，果肉脆，多汁，味酸甜。果实可鲜食或加工成糖水罐头、蜜饯、果冻、果酱等高级食品。种子可入药，气味酸、甘、平、无毒，主治泻痢。

海红主产于晋西北的偏关、河曲、保德等县，有数百年的栽培历史，是当地群众致富的经济林树种。

这株海红树生长在保德县杨家湾乡郭家湾村，树高7.5米，主干胸围226厘米，年产海红500公斤。

宝树沙棘

沙棘分布很广，在我国主要分布于西北、华北、西南各省（自治区）的海拔 1000~4000 米处。山西沙棘的面积较大，约有 500 万亩，约占全国沙棘总面积的 50%。

沙棘多是天然生长，近年来，林业科技工作者在山西发现了多株乔木化的大沙棘。最大的一株生长在榆社县白北乡地黄滩。该株为雄株，高 11 米，地围 1 米，胸围 0.75 米，冠下枝干枯，上层枝叶繁盛。

沙棘木材坚硬，纹理细致，是制作小农具和工艺品的原材料。果实含有大量的维生素 C，可药用；种子含油率 18.8%，油内含维生素 A，可食用。近年又发现沙棘油的巨大药用价值，并可作为重要化工原料，受到世界发达国家的重视。

目前，山西省把发展沙棘生产和沙棘产品开发作为一项产业来抓。沙棘的果实已被加工成罐头、果酱、饮料、口服液等多种产品，销往国内外。

此为榆社县白北乡地黄滩沙棘林

油树"黑棕子"

黑棕子，落叶乔木，喜光，萌芽力强。在土壤深厚肥沃的石灰岩地区生长良好。

黑棕子是很好的木本油树，树叶可作饲料，花为蜜源，种仁含油量 30% 以上，可供食用。油含脂肪酸 70% 以上，亚油酸 35% 以上，对治疗高血压有显著疗效。

黑棕子主要分布在山西省阳城、黎城等地，近年来一些县大量引种栽植。

这株黑棕子生长在阳城县东冶镇东冶村。树高 12.7 米，胸围 304 厘米，树龄 300 余年，年产果实 400 公斤左右。

这株黑棕子生长在黎城县南委泉乡仟许村。树高 17.5 米，地径 0.95 米，树龄 300 余年。

山茱萸

俗名肉枣。落叶灌木或乔木。果实为红色，著名的药用植物。可治肠胃风邪、寒热疝瘕、耳聋面疱、下气出汗等疾病。久服，明目强身延年，有滋补肝肾、固精敛汗等功效。

山茱萸多以野生为主，山西省阳城蟒河一带有分布。近年来，许多地方大力引种，已见成效。

这株山茱萸生长在阳城县桑林乡洪水庄，树高8.6米，胸围109.9厘米，树龄600年以上。

文冠果

落叶乔木。果形大，种仁含油率高达50%，油质尚好，气味芳香，是很好的食用油，也是制取油酸和亚油酸的很好原料。

主要在山西省忻州以南地区分布生长，有1000年以上的栽培史。因为经济价值高，近些年已在各地大为栽培。

代县胡峪乡天叫坡的这株文冠果，树高10米，胸围398厘米，树龄1000年以上，堪称"文冠果王"。

襄汾县赵康镇史威村善净寺内的这株文冠果，树高11米，胸围170厘米，树龄1000年以上。

常绿毛竹

毛竹，又称矛竹、楠竹，竹干高大通直，常绿挺秀，生长快，产量高，材质好，用途广，是很好的优良树种，也是经济价值很高的竹种。

竹材用途很广，利用价值可称史前文物。各种工具、农具、家具和日常生活用品都不可少。竹材纤维含量高达30%，是很好的造纸工业原料。竹笋可以食用，可制成笋干和罐头。

由于气候原因，山西省竹类发展较晚。20世纪60年代以来，山西省南部地区迅速引种栽培，长势很好。不仅为山西省增添了新的树种，而且为农村致富开辟了新的渠道。

第四编
古树群

　　广袤的三晋大地，自古以来就是森林阴翳、绿树参天的绿色宝地。据历史记载，在远古时代，山西省大部分地方都有茂密的森林。"古柏苍槐，林木阴翳"，就是对当时山西林木的生动写照。但由于历史上无数次森林火灾、人为开垦、战乱兵燹等，使山西的森林资源受到了极大的破坏。幸存下来的这些古老树木就尤显珍贵。除一些古老苍劲的单株树木外，在全省各地尚保留有一处处成片、成群的小片林，它们或长于庙宇，或存在于山坳、坟陵、河流沿岸，或排列于黄土高坡，地埂崖畔，丛生群聚，顽强地与大自然抗争着、生长着，成为社会发展、历史兴衰的见证。

　　这些古老、稀有的古树群，是历史留给我们的无价之宝，是大自然留给我们的珍贵历史遗产，是活着的画，是凝聚的诗。保护好这些古树群以及所有古树名木，有着保护生物资源和传承历史遗产的双重意义。

第九章　油松古树群

YOUSONGGUSHUQUN

　　油松，我国特有树种，我省各地均有栽植，是组成山西森林最主要的树种之一。

　　山西油松古老大树很多，多见于名山、古庙，适应性强，抗旱、耐寒、耐瘠薄，无论土石山区、黄土丘陵区，还是风沙区，均能生长。穿石破崖，披风沐雨，表现出顽强的与自然抗争的风格。

北武当山油松古树群

　　北武当山，又称真武山，位于方山县北武当镇东北侧。山上怪石嶙峋，古树参天，自然风光绮丽秀美。北武当山遍布古老油松，或散生，或成群。快到山顶背坡处，有一片近百株的油松林，树高大多近 20 米，平均胸围达 1 米左右，最粗的 1 株 262 厘米。

　　诗颂：亭亭耸立入云端，
　　　　　历雪经霜只等闲。
　　　　　何惧千年磨难日，
　　　　　愈经挫折愈参天。

齐家坟地古油松群

　　该古树群位于太原市杏花岭区中涧河乡窑头村附近的一座山顶，为该村齐家坟地，山顶地势平坦，面积约1000平方米。该古树群共5株，散生在坟地周围，树高平均15米左右，胸围平均在2米以上，最粗的一株256厘米，树龄约500多年。5株古松造型优美，布局合理，由于地处山顶，四周不论在哪个位置远眺，都可以清楚地看到5株古树华盖如云，亭亭玉立的优美姿态。

　　据该村一位老者介绍，齐家在清朝年间属本村望族，曾出过一位县令。抗日战争期间，齐家后人齐思明在当地领导抗日武装，同日本侵略者进行了英勇斗争。

崛围山古油松群

　　该油松古树群位于太原市崛围山南坡，有 20 余株，树高约 20 余米，平均胸围 87 厘米，树龄在 800~1000 年间。

　　崛围山居吕梁山中段，海拔 1400 米，山上松柏常青，草木丛生，秋季黄栌叶经霜早红，满山红叶，景色诱人。崛围红叶为太原古八景之首，山顶有宋建七级舍利塔，是著名旅游之地。

天龙山七松坪

　　该古树群位于太原市天龙山圣寿寺旁的一处平台上，共7株，人称"七松坪"。7株油松树高在25~30米之间，平均胸围150厘米，最粗的201厘米，树龄在800~1000年。

　　天龙山位于太原市西南40公里处，满山苍松翠柏，被誉为太原市的一颗绿色明珠，山上有魏、齐、隋、唐、五代等五大朝代雕凿的石窟。石雕体态生动、姿势优美、刀法洗练、衣纹流畅，具有丰富的质感，在我国雕塑艺术史上有着极其重要的位置。在圣寿寺周围，散生着许多粗壮的油松古树，但唯独"七松坪"这7株古树，挺拔、俊秀，紧紧地相依相偎簇拥在一起，与圣寿寺相守相望，故人又称"七君子"。

　　诗颂：天龙山上郁葱葱，屹立葳蕤七星松，

　　　　　百姓戏称七君子，古松禅寺相守中。

马泉沟古油松群

　　在吕梁山国有林管理局下李林场马泉沟生长着一片
油松古树群，比较集中的有 10 余株，树高在 20~25 米之
间，平均胸围 105 厘米，树龄约 800 年。此处山峰俊秀，
沟壑深邃，森林繁茂，风景秀丽，是游人旅游休闲的好
去处。

白云寺前青松翠柏

　　平遥县卜宜乡梁家滩村白云寺门前现有 4 株油松，两株侧柏。4 株油松一字排列生长在寺院门前，树龄 300 年左右。两株侧柏树龄最长，植于唐朝，树龄 1000 年以上。

奎星塔周古树群

该古树群生长在宗艾镇宗艾村对面文昌阁奎星塔周围，共 16 株，平均树高 10.5 米，平均胸围 109 厘米，最大胸围 161 厘米，最细的 87 厘米。树龄近 200 年。

奎星是中国古代传说中的神话人物，主宰文运，在儒生学子心目中，是具有至高无上的神灵。清朝年间，宗艾村有位才子科考中了秀才，对于世代务农的农村人是极大的鼓舞。因此，村里几个乡绅商量，选在村东南角最高的地方修造奎星塔一座，以期从此以后文曲星下凡在该村，让更多的农家子弟能够科考中举得头名。奎星塔建成后，这位得中者为了感恩，遂在奎星塔周围栽植油松 20 株，后移走 4 株。由于村民倍加爱护，所存 16 株松树，全部保存至今，且长势良好。

坟茔四周古树茂盛

　　该古树群位于晋中市平定县南后峪村一户闫姓人家的祖茔，面积约 500 平方米，有油松 16 株（1 株已死亡），成半圆形排列。据该村村民讲，这里原来有油松几十株，由于族人之间起了矛盾，闹意见，争树权，绝大多数油松古树被砍伐掉，目前，只剩下这 15 株。这些古树生长健壮，枝繁叶茂，树龄大约在 200~300 年之间。

潘家峪村古油松林

　　该古树群生长在冶西镇潘家峪村部落塔，共33株，平均树高15米，平均胸围98厘米，最大胸围105厘米，最细的仅80厘米。树龄约150余年。

　　这片油松树群，其土壤为黄绵土，土层较厚，加之村民注意保护，因此长势十分茂盛。

诸龙山油松挺拔青秀

　　该古树群位于阳泉市盂县诸龙山林场境内。在通往林场的两侧山坡上，有几片油松林，郁郁葱葱，挺拔清秀，平均树高 20 多米，最粗的一株胸围 238 厘米。

　　山上有座寺庙，就处在这几片油松林中间。2005 年清明期间，诸龙山发生森林火灾，把山上的油松几乎烧光。眼看就要烧到寺庙跟前，经灭火人员昼夜奋战，烈火在寺庙前戛然熄灭，使这几片油松林得以幸存。这场大火奇迹般的熄灭，为诸龙山笼罩了一层神秘色彩。

北岳恒山古油松林

恒山是历史悠久的文化名山，古称北岳、玄岳，为中国五岳之一。相传当年舜帝北巡，远望恒山奇峰耸立，山势巍峨，危崖入云，遂封之为北岳。恒山主峰为玄武峰，是温带和暖温带的分界线，有悬空寺等恒山十八景。在恒山南坡，有一片古油松林，约近百株，树龄1000年以上。该古树群平均树高16米多，胸围粗细不一，最大胸围254厘米，最小的仅125厘米。

洼窑村油松群

　　该古树群位于陵川县潞城镇洼窑村西北的西脑山和小北山上，共14株油松，树龄均在200年以上。据村中寺庙碑文记载，在大清咸丰年间，该村就对栽树非常重视，鼓励村民栽树，用以抵挡秋冬风寒。族里三个长者和两位本村人家，各无偿捐献一块坡地，用以栽树，并在入山口处立了一块封山禁牧碑。

　　洼窑村古树群，胸围最小的为144厘米，最大的有298厘米，树高平均达10米，冠幅平均达9米。

高平关古油松群

　　高平关，历史上是高平市西部的唯一出口，属太行山区，地势险要，长平之战西部秦兵进入之要塞，现在是当地重要旅游景点之一，归属高平市马村镇阁老村。

　　高平关公路两侧有一古树群，树龄至少在 300 年以上。古树中有一棵古松树形似悬钟，村民称之为松钟树。

　　由于当地政府的高度重视，2009 年对此古树群拨专款进行了保护。

　　古树群共计有古树 15 株，其中古松树 14 株，古槐树 1 株。

禹家寨"七星油松"

　　该古树群生长在晋中市寿阳县禹家寨村正南公路——九榆线以东的韦上（地名）坟地内，共7株，平均胸围136厘米，最粗的173厘米，最细的117厘米。7株油松形态各异，排列顺序类似星象学上的北斗七星，故人称"七星松"。据村民禹来全介绍，这些树是清代由其祖先禹仁邦先生所栽植。如今禹氏家族，人丁兴旺，家族和睦，都认为"七星松"是风水树，为禹家寨的守护神。

西瑶油松似盆景

  该古树群生长在晋中市左权县西瑶村北的山神庙四周，共 5 株，其中 4 株油松生长在寺院围墙外，胸围最大的 185 厘米，最小的仅 90 厘米，平均胸围 143 厘米，树龄约三百年。5 株古树长势良好，景观别致，远远望去犹如美丽的盆景，为当地一大景观。

府君庙院油松挺拔

　　该古树群生长在晋中市和顺县坪松乡三泉村村北的府君庙院内，共4株，平均胸围150厘米，树龄大约在200年间。此处属太行山石质山区，海拔1480米，立地条件差，不利于林木生长。府君庙修建于元代。

吴村油松古树群

　　该古树群生长在长治市长子县吴村仙宫山，这是一座平地独立的小山。共有 400 多株油松，平均胸围 132 厘米，最大胸围 148 厘米，树龄约 260 多年。新中国成立初期，村里曾在此砍伐松树烧制砖瓦，致使一些大的古树被砍伐。

　　古时，民间时兴修建文昌祠、文昌庙和魁星阁，希望自己的子孙能够科考及第，金榜题名。吴村百姓也想在自己村建立魁星阁一类的建筑，但就是找不到合适的地方。有一天，村里来了一位老道人，老道人说，吴村乃龙池风地，村西、村南连绵数里长的山脉就是一条腾飞的巨龙，村东那座山就是高昂的龙头，而村形则像一只展翅飞翔的凤凰，故曰龙池风地。若在东山建魁星阁，村里日后必有显贵之人出现。这话正合族长之意，村民们纷纷捐资投劳，兴建魁星阁。魁星阁建好后，在上层西北方悬挂"斗魁"匾额，下层正门悬挂"仙宫"匾额，由清代书法家冯士翘题写。魁星阁掩映在松树群中。

龙王庙遗址古树群

该古树群生长在长治市屯留县余吾镇河头村村北的龙王庙遗址上，占地面积约有 10 余亩，共 43 株，树龄约在 150~250 年之间。由于古树群紧靠公路边，车辆往来较多，生长环境较差。但由于立地条件的不同和边行优势，有的树生长得很粗壮高大，有的却矮小细弱。古树群中伴生有 4 株杨树，其余为油松，油松平均树高在 20 米以上，胸围最大的 160 厘米，最小的仅 60 多厘米。

灵空山十八罗汉

　　山西省灵空山省级自然保护区内有古树120多株，树龄约在500年左右。
其中，68株单株和集中连片生长在一起的"十八罗汉松"最为有名，因为灵空
山油松古树甚多，因而灵空山誉为"油松之乡"。

镇海油松　古树参天

　　佛教圣地五台山镇海寺，两山夹峙，中峰微缓，古松苍翠，风景秀丽。寺侧有清泉，川流不息，名曰"海底泉"。

　　镇海寺海拔1600米，土地肥沃，雨量充沛，气候寒冷，无霜期短。树种主要为油松，分布在寺院北侧的山坡上和寺院内，共有530株，面积350亩，平均树高18米，平均胸围210厘米，树龄少至200年，多至上千年。

　　历史上镇海寺周围森林茂密，树木参天。金代诗人元好问游五台山，在其《台山杂咏》诗中形容此处松林为"松海露灵鳌"，可见松树之多。相传镇海寺主持三藏法师，曾是康熙皇帝的陪读，因而镇海寺拥有僧兵护卫，使镇海寺庙内古树免遭砍伐。

二仙庙巨树参天

　　陵川县崇文镇岭常村二仙庙（全国重点文物保护单位）院内，共有古侧柏、油松 5 株，前殿东西两侧各长 2 株侧柏，人称"唐柏"，后殿 1 株油松 100 年以上。据碑文记载，二仙庙创建于唐乾元年间（758~759 年），金皇统二年（1142 年）扩建，后历代皆有修葺。

第十章　白皮松古树群

BAIPISONGGUSHUQUN

　　白皮松是我国北方地区的特有树种，树形多姿，苍翠挺拔，别具特色，早已成为华北地区城市和庭院绿化的优良树种。

　　白皮松在山西的吕梁山、中条山、太行山海拔 1200~1800 米之间多有种植，大多分布在气候冷凉的酸性石山上，以土层深厚、肥沃的钙质土或者黄土上生长良好。本章介绍的几处白皮松古树群，保留至今。

天官王府古树坐落其中

　　该古树群位于阳城县润城镇上庄村。上庄村是天官王府国家景区所在地，始建于宋金时期，距今已有近1000年的历史，是明代杰出的政治家、改革家、四部尚书王国光及其家族数代相承建造的大型官居建筑。古树群正好坐落其中。

　　白皮松共有9株，平均树高8.5米，平均胸围152厘米，最粗的244厘米，最细的144厘米，树龄600年左右。目前这些树木生长健壮。

古白皮松拱卫崇庆寺

在长子县色头乡琚村崇庆寺前的山坡上，生长着40余株白皮松，平均胸围180~190厘米，最粗的307厘米，平均树高18米左右。

据记载，崇庆寺始建于北宋大中祥符九年（1016年），白皮松即建寺时所载，距今已近千年。

保存至今的40余株白皮松，傲然屹立于寺前坡上，老枝虬干，婀娜多姿，雪白的树干上，树冠翠绿如云，拱卫在寺庙周围，为千年古寺增添了无尽的风景。

诗颂：久闻长子有奇松，
　　　今日观光更动心。
　　　树树银杆拔地起，
　　　枝枝碧叶向天吟。
　　　白皮松茂三冬翠，
　　　碧地林深百鸟鸣。
　　　屹立千秋谁赏识，
　　　呼雷唤雨度风云。

东石羊村古白皮松群

  这片白皮松古树群生长在东石羊村对面的山坡上，为玉皇庙遗址，鼎盛时香火旺盛，香客如云，后因年久失修而坍塌遗址，原有树木 200 余株，"文化大革命"期间，遭到毁灭性砍伐，后因山体滑坡自然损毁了一部分，目前保存 24 株。当地人称这座山坡为神坡，很有灵气，一草一木，无人敢动。因此，这片白皮松林才得以保护。白皮松不规则但很集中的散生在面积约 3 公顷的山坡上，平均树高 14 米，平均胸围 260 厘米，最粗的一株胸围 280 厘米，树龄约 1000 年。

从山下远眺，这片白皮松郁郁葱葱，生长茂盛。

龙泉观白皮古松集中连片

　　该古树群位于吕梁市中阳县柏洼山龙泉观景区，面积 4.5 平方公里。龙泉观位于柏洼山景区腹地，属道教建筑群，掩映于苍松翠柏丛中，巍峨雄伟，依山而建，鳞次栉比，错落有致。龙泉观四季常青，有我国稀有树种白皮松点缀其间，景色秀丽，极富诗情画意；珍禽褐马鸡戏嬉于泉中林下，更增添了许多乐趣。

　　白皮松在柏洼山景区分布较为集中，最古老的已 1000 年以上，胸围 2~3 米的大树比比皆是，是山西省白皮松集中连片、面积较大的景区之一。

第十一章　侧柏古树群

CEBAIGUSHUQUN

　　侧柏是我国主要造林树种之一，栽培历史悠久，公元前就有文字记载。我省各地保存的古柏和古树群，就是有力佐证。

　　侧柏是荒山造林树种，，耐干旱瘠薄，大力营造，效果很好。新中国成立初期营造的侧柏林，如今也郁闭成林，郁郁葱葱。

　　蒲县的柏山景区，有古松柏 60 余公顷。据调查，景区内占百年以上古柏 60 余株，500 年以上 50 余株，形成了 1600 亩柏山全覆盖的绝色佳景，十分可贵。

薛家垣村龙王庙保护神

　　该古树群生长在柳林县高家沟乡薛家垣村龙王庙四周，共8株。据庙内碑文记载，这些侧柏植于清朝，距今已200多年，平均树高11米，平均胸围125厘米。目前，侧柏古树群整体长势良好，远远望去，郁郁葱葱，绿阴如盖，犹如龙王庙的保护神。

北坡村的"七星柏"

　　该古树群，共7株，树龄300余年，是北坡村许氏家族祖上所植，平均胸围115厘米，平均树高9米。分布若北斗七星，故称"七星柏"。据82岁老人许英韩说，7株树因水土流失，根部外露，生长极为缓慢，几十年都没有多大变化。近年来，该地村民对这片古树加强了保护，目前长势良好。

柏山古柏莽苍苍

　　柏山景区位于蒲县城东2公里处的柏山，保存古松柏林面积60余公顷，林木蓄积量3000余立方米。据东岳庙现存清康熙三十四年（1695）《禁伐山林碑》记载："环山皆松柏，自创建东岳庙已具规模，苍然天成"。乾隆十八年版《蒲县志·卷一》载："环山皆松柏，枝森根蟠，周围十余里从不长荆棘，亦无他木之杂其中"。东岳庙现存清乾隆五十七年碑志载："蒲之东山龙脉左旋，群峰拱视，而苍翠自如……"。据调查，现存100年以上树木600余株，平均树龄200余年，其中500年以上古柏50余株。每亩株数逾100株，郁闭度0.8以上。2000年以来，蒲县政府传承绿色文明，在其林外下部，又新栽柏树700余亩，形成近1600余亩的柏山松柏全覆盖绿色景观。春夏秋冬，山林各具其景：春季，松涛柏浪，可观其势；夏季墨黛森然，可乘其幽；秋季，松香柏烈，可享其清；冬季，雪点苍翠，可赏其秀。尤其林内间杂白皮松，白身绿头，点缀其中，似有静中有动之感，蔚然壮观。

　　柏山上有东岳庙，为全国重点文物保护单位。

　　诗赞：苍苍东圣山，

　　　　　古柏荫遮天。

　　　　　风采传千里，

　　　　　声威振九乾。

古朴典雅的东岳庙掩映在苍松翠柏之中

文庙侧柏古树群

　　该古树群位于襄汾县汾城镇文庙院内，前院大殿前一群共15株，平均树高23米，平均胸围113厘米，最大胸围259厘米。后院大殿前一群6株，平均树高25米，平均胸围160厘米，最大胸围320厘米，树龄1000年。

　　襄汾县对汾城镇城隍庙、文庙的古侧柏树都进行了很好的保护，目前长势旺盛。

结义亭前古柏群

该古树群位于运城市盐湖区解州关帝庙的结义亭前，共有 10 株，形态各异，粗细不同，最粗的一株胸围 250 厘米，高 24 米，干高 8 米，树龄 1000 年。三国时期，刘备、关羽、张飞异姓结义的故事在我国家喻户晓，妇孺皆知，结义亭前的这一群古柏，更为结义亭增添了一片绿色，与结义亭相映生辉。

关帝庙创建于隋代初年，宋代进行扩建，明代毁于地震，清代乾隆年间重修。是我国现存规模最大、保存最完美、建筑技艺最精湛的关帝庙，因此，这座庙宇又称为"武庙之冠"。

慈胜寺侧柏挺拔高大

　　平遥县慈胜寺院内，长有4株古侧柏，树龄在300年以上，平均树高18米左右，胸围最大的230厘米，最小的212厘米。由于古树生长在寺院内，有人看护，长势较好。

　　据碑文记载，慈胜寺始建于元代，属文化管理单位。

面积最大、树龄最长的侧柏古树群

该古树群位于交城县卦山风景区。卦山奇特的地形地貌，是亿万年地质运动沧海桑田变迁的产物。生长在岩石缝中的古柏，扭曲自如，千姿百态，是大自然"鬼斧神工"造就的杰作，故有"黄山之松、云栖之竹，卦山之柏"的美称。卦山林地面积 1400 余亩，古柏树面积就达 800 余亩，古柏树约有 50000 余株，树龄在 500~2300 年之间，是国内面积最大，树龄最长的集中连片的侧柏古树群。

卦山建筑群规模宏伟，古建筑天宁万寿禅寺始建于唐贞观元年，为全省重点文物保护单位。景区内柏香幽幽，涛声阵阵，山、柏、寺相映生辉。华国锋、李瑞环、谷牧、赵朴初等国家领导人曾游览此地。

诗赞：卦山翠柏展奇珍，叶茂枝丰形态神。

静静丛林藏古韵，声声鸟语乐游人。

古朴、典雅、气势恢宏的卦山天宁寺掩映在苍松翠柏中，
宁静恬适之感油然而生。

雪后的卦山侧柏古树群，银装素裹、分外妖娆。

临县正觉寺"十二连城"

　　该古树群位于吕梁市临县正觉寺东侧的小山丘上，"一"字形排列，共 12 株，犹如一道绿色屏障，故称"十二连城"。当地群众又根据 12 株柏树的长势形态，形象地称为"十二生肖柏"。

　　其中最高的 19.5 米，最低的 8 米，胸围最大的 400 厘米，最小的 219 厘米，历经风雨沧桑，距今已 2000 余年。

　　据当地的几位老者讲，原来正觉寺周围林木阴翳，以侧柏居多。由于历代砍伐，仅留下 12 株侧柏，挺拔高大，古木参天，树木成行，蔚为壮观。

龙柏

蛇柏

马柏

羊柏

鼠柏　　　　牛柏　　　　虎柏　　　　兔柏

猴柏　　　　鸡柏　　　　狗柏　　　　猪柏

仰天村古柏充满生机

　　该古树群生长在晋中市榆社县仰天村东南的土丘上，占地约60亩，共有古树五六百株。这些柏树由于当时栽植密度过大，胸围普遍较细，平均胸围95厘米。据该村党支部书记张贵如介绍，这里原来就生长有柏树，是村里的风水林。由于无人管理，乱砍滥伐严重，至清光绪年间，所剩无几。在当时社首的倡议下，村民开始每年清明节义务栽植，各家各户都必须出劳力，并规定凡不参加栽树的都要缴纳相应数量的小米代替劳动。由于加强了管理，目前这些侧柏没有遭受过人为破坏，生长茂盛，一派生机。

墓地古柏顽强生长

柳林县庄上镇双枣圪垯康家坟地，长有14株古侧柏。这里属黄土高原，干旱少雨，冬季多风，立地条件不好。据碑记载，这群古树栽植清代道光年间，树龄距今200年左右，根扎大地，顽强生长，顶天立地。

真武庙侧柏与丁香

　　河津市真武庙，属省文物管理单位。真武庙正门一株侧柏，树高9.5米，胸围2.8米，组织完整，树龄600年左右。宝洞玉帝阁一株侧柏，树高10米，胸围2.3米，为明代万历元年（1572年）所栽，树龄441年。真武庙正门西侧小院2株丁香树，树高3.5米，胸围65厘米，树龄200年。

文庙侧柏与楸树

　　为了纪念孔子，人们在原平市崞阳镇北街修建了文庙。文庙始建于元大德三年（1299年），距今715年。

　　文庙有8株古树，分别为侧柏和楸树，4株侧柏和4株楸树，树龄均在300年以上，有的侧柏达700年之多。

第十二章　青杆古树群

QINGQIANBAIQIANGUSHUQUN

　　青杆，我省恒山、管涔山、五台山、关帝山、太岳山、中条山均有分布，多生长在寺庙、墓地、庭院、村落。

　　此树适应性较强，耐寒冷，在气候温凉、湿润、土层深厚、排水良好的山地土壤生长为好。生长较慢。

　　青杆为用材树种，可供建筑、家具等用。树姿优美，常作园林绿化树种。

　　这片白杆古树群位于庞泉沟国家级自然保护区核心区，树龄 200 多年，树高在 25~35 米之间，胸围最粗的 230 厘米，是国家重点保护树种之一。

第十三章　华北落叶松古树群

HUABEILUOYESONGGUSHUQUN

　　华北落叶松是我国华北地区山地的主要造林树种之一，材质好，用途广，耐腐朽，生长较快，有涵养水源的显著效能。天然分布主要在山西、河北。我省主要分布在关帝山、管涔山、五台山、恒山、霍山的 1600~2700 米山地之间。

　　新中国成立以来，各地在不同立地条件营造华北落叶松，生长良好。我省主要在晋西北黄土高原及较为干旱的雁北地区，生长也不错。本章介绍的关帝山、管涔山的大面积华北落叶松就是很好的说明。

卧牛坪华北落叶松一片林海

关帝山林区是华北落叶松的集中产地之一，全局的华北落叶松面积共计 27328 公顷，居山西九大林局首位、占省直林局合计面积的 26%。关帝山林局的华北落叶松林中，天然林 11506 公顷，位居省直各林局第二。

该古树群生长于关帝山林区庞泉沟国家级自然保护区卧牛坪，分布面积约 5 万亩，树龄 200~300 年间，平均树高 30~40 米。进入林中，一株株落叶松挺拔笔直，亭亭玉立，世界珍禽褐马鸡在林中悠闲觅食。

世界珍禽"褐马鸡"

笔直、挺拔的华北落叶松林

管涔山国有林局境内的芦芽山太子殿

"水尽头"华北落叶松林冠如云

管涔山林区的华北落叶松林面积 21659 公顷,居省直各林局第三位,其中天然林面积 13275 公顷,居省直各林局首位。华北落叶松林占到全局乔木林面积的 53%,60% 以上为天然林。

该古树群生长在汾河源头,马家庄林场大庙沟,人称"水尽头"的地方。这里以华北落叶松为主,树高 20 米以上,树龄在 200~300 年间。干形笔直,直插云霄,每公顷蓄积超过 300 立方米。酷暑时节,树木葱茏,遮天蔽日。郁郁葱葱、青翠嫩绿的落叶松随风摇曳,林冠如云似海。茂密、高大、笔直的华北落叶松,在汾河上游发挥着极其重要的涵养水源和保持水土的作用。

马仑草原"怪树林"

在宁武县马仑草原北侧迎风口上，生长着 50 多株华北落叶松，树龄在 150 年以上。由于处山高风大，环境恶劣，尤其是冬季，天气十分寒冷，树木生长十分缓慢，因而树形较为怪异，不同于其他的华北落叶松，人称"怪树林"。马仑草原为亚高山草甸，阳面是万仞花岗岩石壁，如刀削斧砍，阴面为茫茫林海，顶部每到夏季，芳草如茵，百花齐放，姹紫嫣红，是旅游避暑的好去处。

第十四章　阔叶树古树群

KUOYESHUGUSHUQUN

　　本章介绍的几组阔叶树古树群，主要是枣树、核桃，还介绍了几处櫨子栎、黄连木、山茱萸、桑树等。这些阔叶树种，由于保护得好，形成了古树群，各具特色。

　　枣树，为我国栽培最早的经济树种，是山西最为普遍的果树之一。其品种多、易繁殖，抗性强，结果早，经济价值高，营养成分丰富，畅销国内外。

　　核桃别名胡桃，为山西的一大特产。汾阳核桃誉满国内外。核桃是主要的木本油料，营养丰富，含油率63%~80%，粗蛋白为11.2%~17.3%。

　　我国是世界上栽桑养蚕最早的国家，早在殷商时代即有文字记载。桑树生长快，适应性强，桑叶是养蚕缫丝的最佳饲料。新中国成立后，我省蚕桑事业发展很快。

太原市晋源区闫家坟村枣树古树群

这两组枣树古树群均生长于太原市晋源区闫家坟村。一处在村外撂荒地，一处在村南玉米地里。

一、撂荒地枣树古树群

该古树群共 21 株，生长比较集中，树高在 8~11 米之间，胸围粗细不等，最粗的 107 厘米，树龄在 500 年以上。

二、玉米地枣树古树群

该古树群共 25 株，非常集中，树高在 12 米左右，胸围最大为 110 厘米，平均胸围为 58 厘米，树龄在 500 年左右。

这两群古树，长势都非常好，枝繁叶茂，果实累累。据村里人介绍，闫家坟村自古就有栽培枣树的传统，据老辈人说，这些枣树都有几百年了。

黄楼村枣树古树群

　　该古树群生长在太原市晋源区黄楼村水渠边，共 10 余株。靠村头一字排开。据当地人讲，该枣树群都在 500 年以上。

　　这个村枣树栽培历史悠久，该枣树古树群虬枝老干，各具形态，如今仍枝繁叶茂，果实累累，是该村农民一项重要的收入来源。

交城县瓦窑树骏枣越千年

交城骏枣是山西四大名枣之一，素有八个一尺，十个一斤之说。据史料记载，交城县骏枣栽培历史已有2000多年。1983年瓦窑村白家梁汉墓曾出土枣核、核桃树数十枚。唐宋时期交城边山一带，枣树已茂密成林。目前交城骏枣古树主要分布在瓦窑、磁窑、四家山、岭底、西社等地。据初步统计，百年以上的骏枣古树有10000余株。

古树群生长在交城县天宁镇瓦窑村，有几株老枣树树龄已达1000年。

省卷 上册

232

骏枣已成为交城农民增收的主要来源之一。

白燕村古枣一派生机

在白燕村古箕城遗址"九宫枣园"周围，生长着千余株壶瓶枣古树，树龄大多在300年以上，最老的有1000多年。比较集中的有两片，靠地梗里边的一排10株，靠地边的有10余株。古枣树群平均树高14米，平均胸围178厘米，最粗的223厘米。

这几片古树群虽然经历岁月沧桑，陪伴人们见证了社会的兴衰变迁，但至今仍一派生机。每到春天，依旧枣花飘香，秋天硕果累累，挂满枝头，浓绿的叶片中透着点点红果，一派田园风光。

柳林县孟门镇高下村——牙枣的故乡

　　该枣树群位于吕梁市柳林县孟门镇高下村，据考证，为唐代所植。高下村地处晋陕黄河峡谷，距孟门镇2公里许。1974年山西省考古部门在高下村发掘一座唐代古墓时发现，墓中尚有10厘米粗的枣树支根，可见这片枣树群在唐代已具规模。这片枣树群胸围2米以上者达138株，树龄都逾1000年。高下村大面积千年枣树印证了枣树栽培起源于晋陕黄河峡谷，是中国枣树驯化、栽培最古老起源地的有力佐证。

　　经过数百年的发展，柳林已成了牙枣的故乡。

牙枣古树群

团枣——山西名枣之一

　　晋中榆次区盛产团枣。图中团枣古树群生长在榆次区东赵乡训峪村的石楼垴山上。此处古树群共 8478 株。行距不等，比较稠密，平均胸围 90 厘米，最粗胸围 150 厘米。这里属丘陵区，降水量较少，干旱缺水，枣树长势一般。这群团枣树龄在 150~200 年之间。

　　团枣是山西多种名枣之一。

和顺县核桃湾

　　和顺县属太行山区，气候温和，无霜期较长，适宜核桃生长，也有悠久的栽植历史，是当地农民增收的主导产业之一。图中介绍的核桃古树群，生长在松烟镇核桃湾村，就是很好的见证。

　　这是 15 株核桃古树群，一字形排列在路边，平均树高 12.4 米，平均胸围 164.5 厘米，树龄在 150~200 年之间。由于核桃树生长在拐弯处，人们习惯把这个地方叫做核桃湾。

安岭村橿子栎古树群

　　该古树群位于泽州县南岭乡安岭村，生长在路边坡上，共有20余株。这里属于中条山区，海拔1250米，年降水量较为充沛，土壤系沙壤土。古树群所在地原是个自然村，由于人口迁移，现在已无人居住。这些古树系天然生长，沿地塄边根部裸露。平均胸围128厘米，最粗的235厘米，最细有97厘米，树龄300年以上。

杨甲村榔榆黄连木

这片古树群位于阳城县东冶镇杨甲村阳济路旁的悬崖峭壁上。共有 10 株榔榆，2 株黄连木，平均胸围 153 厘米，最粗的 213 厘米，最细的 144 厘米，树木平均高度 8 米，树龄 300 年左右。据村民介绍，抗日战争时期，一支日本部队途经杨甲村，见榔榆树长得高大粗壮，便架大锯砍伐，见锯齿流出的是血状的红色液体以为是不祥之物，便慌忙逃离现场，这片古树才得以幸免。

山茱萸之乡——蟒河村

　　长在阳城县蟒河镇蟒河村的山坡上的古树群，属于中条山区，海拔783.4米，年降水量600毫米，土壤为山地褐土，年平均气温10~11℃。蟒河不仅风光旖旎，秀丽迷人，还是著名的山茱萸之乡，约有山茱萸10万株，最大的一棵山茱萸树高约10数米，胸围2米多，年产鲜果200多公斤，非常罕见。

　　相传很久以前，村里有位美丽的姑娘叫珠玉，非常孝顺。她的母亲得了重病，急坏了姑娘，于是漫山遍野采药，为母亲治病。她发现一株树有红色的果肉，煎服后效果很好，很快治愈了母亲的病。村民们为了纪念这位姑娘，便取姑娘名字的谐音，称这种名贵药材为山茱萸。这些古树平均胸围40多厘米，古树约100株，树龄在500年左右。

小藏龙古辽东栎白桦群

在和顺县青城镇小藏龙附近的山坡上，整个山头长满了辽东栎和白桦。夏天整个山头一片葱绿，深秋红叶似火，雪白的桦树点缀其间，充满诗情画意。

据当地群众讲，这片辽东栎面积约二十多亩，树龄在100~200年间，由于保护得力，一直没有受到破坏。每到秋季，吸引了无数游客前来观赏，为当地一大景观。

蟒河村辽东栎生长旺盛

古树群位于阳城县蟒河镇蟒河村的东占。辽东栎是阳城县的乡土树种，生命力极强，历经沧桑岁月，仍顽强生长。这 8 株大栎树，其中 1 株被村民不小心烧死，剩余的 7 株，最大的胸围 376 厘米，最细的 232 厘米。7 株树平均胸围 263 厘米，树龄在 1000 年左右。

柳林县中垣村桑树古树群

　　该古树群共有桑树 16 株，生长在柳林县中垣树，沿地埂一字排开，树龄约 300 余年，树高平均 6 米，平均胸围 140 厘米，冠幅多为 5 米 ×6 米。在干旱缺雨的晋西黄河沿岸，生长如此古老的桑树群，实属罕见。

第五编
木化石

　　远古时期，山西境内气候温暖、潮湿，地表森林茂密，蕨类繁多，沼泽遍布，是片绿色的大地。由于地壳的运动，地质的演变，环境的变化，地质史上发生了古生代、中生代和新生代三次大的地壳运动，把地表的森林树木等埋藏到地层，与空气隔绝，经过漫长岁月，整个树木体内木质结构发生化学变化，被二氧化硅、石英、蛋白质、玉髓和其他矿物质所取代，变成了坚硬的硅化石（地质学），林学上统称木化石。木化石的形成，是大自然当年林茂物阜的真实写照，是人类认识自然、改造自然的孑遗物证。

　　从山西木化石产出的地质层位及其地质构造推断，所发现的木化石大都形成于至今 3.5 亿～2.85 亿年前的石炭系晚期和二叠纪。木化石的发现，其价值不仅在于它为人类研究自然提供了丰富的科学依据，同时还向人们展示出大自然生生不息，繁衍文明的宝贵物质遗产。

　　山西是中华民族的发祥地之一，正是这片苍天厚土的忠爱，使今日的山西有丰富的煤田。我们要像保护古树那样保护木化石，研究木化石，探索地球深处的丰富宝藏和生物变化，从而为建设山西省新型能源基地奉献力量。

第十五章　木化石群　MUHUASHIQUN

　　山西的木化石大多在 20 世纪 80 年代以后发现，全省东西南北多有分布，可见远古的山西，从古生代至新生代，是森林密布的绿色大地。从木化石的分布不难看出，木化石与煤田相伴而生，哪里有木化石，哪里就昭示着有深厚的煤岩层。山西的产煤大县莫不如此。经初步考察，在长子、蒲县、陵川、榆社等县发现了大量的木化石。由于数量多，集中连片，人们称之为木化石群。

长子县木化石群 ▐▐▐

　　该木化石群位于长治市长子县仙翁山区，是山西省最大的木化石群。系山西省林业厅原厅长刘清泉在调查山西境内林业资源和古树名木时发现的。经调查，该木化石群分布在长子县西南部 20 余里的仙翁山、南松山、北松山等处，涉及两个乡十几个村，在 3 万余亩区域内发现了许多裸子植物树木化石群，规模之大，数量之多，在我国罕见。这些化石高大粗壮，虽不具有年轮，但管胞肥大，表明它们是生长在暖热、湿润没有季节性变化或季节变化不很明显的生态环境中。

　　现在，长子县已将此地开辟为地质公园，对露出地面的 170 株木化石部分，用玻璃房等设施做了保护，成为民众参观的景点。

长子县壑只村北岺木化石，长约 14 米，直径 45 厘米。该木化石
树体部分保存完好，树干修长，纹理清晰，结疤凸显，自然天成，是
这片木化石群落中最长的一根。

地质工作者考察木化石

用玻璃保护的木化石，供游人观赏。

横卧在仙翁山上的木化石

长子县壁则的木化石

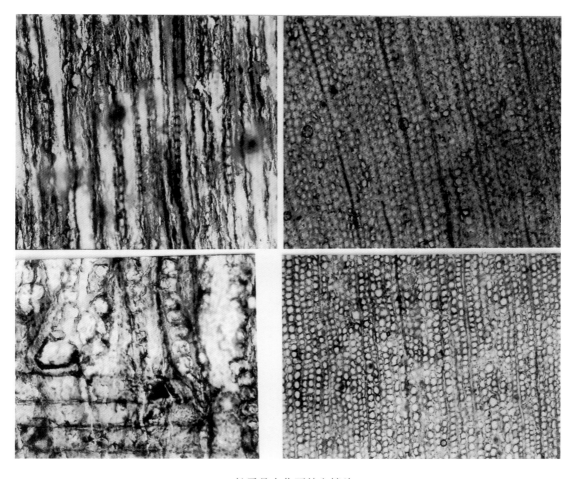

长子县木化石的电镜片

长子县地质公园内的木化石

陵川县木化石群 ▌▌▌

　　1988 年 10 月 15 日，在山西省陵川县南长脚村的东山上发现两处木化石，分布在约 15 亩大的的砂岩中。这些木化石距今约 3.2 亿年。

　　现有两株比较完整的木化石，移竖在县城崇安寺内，大殿左边一株高 5.2 米，胸径 0.7 米，右边一株高 4.9 米，胸径 0.4 米。

陵川县崇安寺大殿右侧展出的木化石

陵川县崇安寺大殿左侧展出的木化石

山西省陵川县南长脚村东山裸露的木化石

乡宁县木化石群 ‖‖

乡宁县枣岭乡南岭村萝卜条沟里的木化石群，是1986年当地村民在沟里挖银矿时发现的。

萝卜条沟，有500米长，两边都有木化石，化石比较集中的地方，基本上是一个断层处，木化石与山坡垂直，外露椭圆断石。在沟东岸发现4处，测量了两处：一个椭圆断面的长轴为0.8米，短轴为0.4米；另一处为0.6米×0.4米，木化石群覆盖厚度5~10米不等。

乡宁县萝卜沟内木化石原始状态

乡宁县马涧村南岭发现的木化石

蒲县木化石群 ▮▮▮

　　蒲县与乡宁县一样，也是吕梁山区的产煤大县。在乔家湾乡曹村南沟地面及土崖为石灰岩淋溶层，发现了裸露的木化石。化石中还有类似昆虫的印记。在吕梁山林局五鹿山自然保护区内的克城镇阁老掌村的农田，也发现了木化石。树皮处有明显的节疤和小树洞，树干是灰黄色，年轮清晰，树桩直径为 80~100 厘米，为松柏古树。

　　随着多处木化石的发现，可以看出，在乔家湾乡和克城镇的 20 平方公里范围内，存在着大量的木化石群。

蒲县阁老掌村农田里发现的木化石

蒲县曹村南沟发现的木化石地貌

蒲县自然景区发现的木化石

榆社县木化石群 ▎▎▎

榆社县被誉为"化石之乡"，境内埋藏有大量的古生物化石。独特的黄土石林，成为考证古生代地理环境、气候变化和生物进化的重要基地。20世纪80年代，县里成立了山西唯一的化石博物馆，共展出各类化石1000余件，其中就有木化石。2007年云竹镇西海林在挖掘采石时，又发现了珍贵的木化石。

榆社县古生物博物馆珍藏的木化石

榆社县云竹镇西海林发现木化石的地质地貌

榆社县古生物博物馆展出的古生物化石

第十六章　单株木化石　DANZHUMUHUASHI

　　经考察，除了在长子、陵川和乡宁、蒲县等地发现大量的木化石群，还在安泽、阳城、古县、宁武、怀仁、襄垣、阳泉市郊等地发现单株的木化石。这些木化石虽然是零散的，单株的，但它却向人们提示，在当地的地质深处，或许埋藏着更多的木化石。同时也表明，在亿万年前，这些地方同样是一片绿色的大地。

阳城木化石

　　阳城木化石，是在芹池镇游仙村北和尚圪堆发掘的。木化石高30米，胸径0.9米，形似一把巨剑，众称"阳城神剑"。因破坏失散，如今仅剩上部4米多高，现已搬到阳城县文庙内加以保护，供人们参观。

　　经考证，此木化石是古生代石炭纪的遗木，距今已有3亿年左右。

阳城县文庙内
展出的木化石

阳泉木化石 |||

　　阳泉市郊区燕龛村的木化石，发现于河底镇燕龛村西北郊的北岭，倒卧在山坡上。全长18.5米，胸径0.9米，树干完整，木质部年轮较清晰，是全省木化石中保存最大的一株，所以冠名为"阳泉巨柱"。1984年8月发现。经专家鉴定，为2亿年前地质时期遗留下来的木化石。

　　由于保护不善，仅存留这一段。

阳泉市河底镇燕龛村发现的木化石

安泽木化石 |||

安泽木化石发现于冀氏镇马寨村。化石桩直径约 40 厘米，呈淡黄色，质地坚硬，树干挺直，年轮纹理可见，初步判断为松柏木化石，树龄 2 亿年以上。

安泽县冀氏镇马寨村木化石

安泽县冀氏镇马寨村木化石

古县木化石 ▌▌▌

2012 年 5 月 28 日，古县古阳镇杏家庄西北面的山上发现了一株木化石，树干长 15 米，为山西省发现的最长的一株木化石。经鉴定，此树为栎树，故名"古阳巨栋"，距今约有 3 亿年。

硕大的一棵古栎树木化石

襄垣木化石 ▍▍▍

　　1982年在襄垣县王桥镇炉沟村的西庙后河畔发现这株木化石。其高2.3米，胸围1.8米，形似一位仙人站立，故名"襄垣石仙"。现已发掘竖在襄垣县城文博馆院内。

襄垣县文博馆展出的木化石

怀仁木化石 ▌▌▌

　　在怀仁县云中镇窑子头村南发现了露出地面一米多高的一株木化石，后来又发现一株，已搬到怀仁县森林公园保护起来。这株木化石，树皮皱纹明显，枝节疤痕清楚，木质部年轮清晰。因其地处云中镇，定名为"云中奇石"。

怀仁县公园内展出的木化石

宁武木化石

宁武木化石在距汾河源头 1 公里的宁武县东寨镇炭窑坪村东 300 米处的山上发现的，故名"汾源天柱"。该木化石高 10.8 米，根部直径 1.4 米，顶部直径 0.9 米，外观呈黄褐色，树干笔直，年轮纹理清晰可见。经鉴定为 3.5 亿年前的大树。

目前，宁武县已决定将此木化石移至汾源景区展出。

汾河源头的木化石，"汾源天柱"

第六编
千年古树

古树，是自然科学和社会科学融为一体的一门学科的科学，有较高的科学价值和实用价值，是研究树木生态、气候变化和社会发展的活标本，也是历史演变、社会兴替、重大历史事件的见证。山西是全国古树保存数量较多的省份之一。

据 2009 年对古树初步普查，全省 100 年以上的古树为 20 余万株，1000 年以上的古树 1000 余株。

将全省这样数量庞大的古树汇编在一起，难度较大，采取省级和各地市分别编辑的方法，比较科学，省卷主要编写千年以上的古树，其他大多数古树，由各地市组织力量，编写。

第十七章　山西省省树——槐树、油松

SHANXISHENGSHENGSHUHUAISHUYOUSONG

第一节　槐 树

Sophora japonica L.

中国槐 国槐　　　　　　　　　　　　　　　　　科属：豆科　槐属

　　落叶乔木，高达 25 米。树皮暗灰色或黑褐色，纵裂；树冠宽卵形或近球形。小枝暗绿色。奇数羽状复叶，互生，小叶卵状长圆形或卵状披针形，先端急尖具一锐尖头，全缘，下面有白粉及平伏毛。花两性，圆锥花序顶生；花冠蝶形，花瓣黄白色。荚果肉质，念珠状。

　　原产中国。北方乡土树种，山西各地普遍栽培，栽培历史悠久。全国南北均有栽培，以黄河流域为最多。

　　山西古槐特多，省境南北各地均有，多见于寺庙内外和古寺庙旧址或村庄。群众按古槐寿命分有周槐、秦槐、汉槐、隋槐、唐槐等，这些古槐中，胸径达 2~3 米者甚多，其中石楼县裴沟乡永由村的古槐树为省内最大者，胸围达 1300 厘米；按树形或树体其他形态特征分有交城县磁窑村"狮头槐"、覃村"云根槐"及大岩头村"龙头槐"，陵川曹庄村"假山槐"，长治县原村"八棱槐"，武乡县上型塘村"露根槐"及小河村"龙头槐"，广灵龙王庙"浮根槐"等；按老槐树树干腐朽积土后其树体上长出别的树种命名的有"槐抱朴"、"槐抱榆"等。

　　喜光，幼树稍耐阴；适应较干冷气候；喜深厚湿润肥沃而排水良好的沙壤，在石灰性土、中性土及酸性土上均生长良好，在低湿积水处生长不良；对二氧化硫、氯气、氯化氢及烟尘等抗性较强。深根性，抗风力强；寿命长，萌芽性强。种子繁殖。

　　树体高大，直立挺拔，雄伟健壮，古朴典雅，树姿优美，枝繁叶茂；花穗清香，花期很长，为良好的庭阴树种及行道树种。木材可供建筑及家具用材；槐角、花蕾（中药称槐米）及花入药，有凉血止血、清肝明目等功效。蜜源植物。

　　我国各地自古就有栽培槐树、保护槐树的优良传统，并把古槐视为神树。周秦时期，在皇宫里栽植三槐，代表太师、太傅、太保，被誉为官槐，作为高贵的象征。宋朝诗人苏东坡用"槐庭以识天颜寿，午破清阴化雨龙"的诗句赞美槐树"。

　　山西省以槐树命名的地方很多，有"槐树村"、"槐树峪"、"槐树庄"、"槐树凹"、"槐树湾"、"槐树岭"、"槐树街"、"槐树巷"等等，是山西长期栽培槐树历史的见证。

　　在村镇和院落栽植的槐树，枝繁叶茂，浓阴蔽日，是人们茶余饭后纳凉休闲的好去处，人们视树如神，而那一棵棵从远古走来的古槐，虽树龄不等，形态各异，却风姿卓越，傲视苍穹，在冥冥之中庇佑着虔诚的村民，而人们也将一棵棵槐树当做自己的守护神，倍加保护，敬若神灵。

　　在山西栽培槐树，有美丽动人的传说。"洪洞大槐树"移民的故事，就是其中最具代表性的历史事件。

　　据历史记载，从明洪武六年（1373 年）到永乐十五年（1417 年）近 50 年内，先后共从洪洞大槐树下移民 18 次，移民总数达百万之众，共计 554 姓，迁往 10 余省、600 多个县市，是中国历史上规模最大、历时最长、范围最广的官方移民。

　　洪洞大槐树见证了人类生存活动、历史变迁的重大事件。

　　槐树，栽培历史悠久，闻名遐迩，有较高的经济效益和生态效益。适宜在山西省各地栽培，深受全省各地群众喜爱。1988 年 3 月 7 日，山西省人大通过提案，确定槐树和油松为山西省省树，激励人们为绿化山西，建设蓝天碧水的新山西，做出更大的贡献。

根据普查，山西省现存夏、商、周、秦时期的古槐共31株，是山西最古老、最有影响的老槐树。这些古槐中，胸径达2~3米者甚多，有的树干空了，在中间又长出了小树。这些古槐树都是槐树中的老寿星。

编号：0001

树名：槐树

科属：豆科　槐属

树龄：2200年

树高：7米

胸围：740厘米

地址：太原市万柏林区东社街办古槐公园

编号：0002

树名：槐树

科属：豆科 槐属

树龄：2000 年

树高：25 米

胸围：600 厘米

地址：太原市晋源区枣元头村

编号：0003

树名：槐树

科属：豆科 槐属

树龄：2000 年

树高：25 米

胸围：600 厘米

地址：太原市晋源区枣元头村

编号：0004
树名：槐树
科属：豆科　槐属
树龄：2000 年
树高：18 米
胸围：600 厘米
地址：太原市晋源区枣元头村

这株槐树，树皮粗犷，长着大小 14 个瘤状体，最大的一个长 1.8 米，宽 1.3 米。根盘 18 米，东边外露，波浪起伏。冠部 4 枝均枯，从皮层萌生新枝，抱住了朽木。目前枝繁叶茂，传为汉代所种植。

编号：0005
树名：槐树
科属：豆科　槐属
树龄：2000 年
树高：9 米
胸围：750 厘米
地址：太原市晋源区仙居园白云观旧址

编号：0006

树名：槐树

科属：豆科　槐属

树龄：2200 年

树高：28 米

胸围：800 厘米

地址：太原市晋源区枣元头村

编号：0007
树名：**槐树**
科属：**豆科　槐属**
树龄：**2200 年**
树高：**20 米**
胸围：**880 厘米**
地址：运城市新绛县阳王镇南头村观音庙

传说舜帝在龙引村出生，村内有井水两眼。舜帝幼时，被继母丢进井内，舜帝又从另一眼井中走出，故名"龙引村"。后从井中长出一株槐树，由于年代久远，这株槐树多半已经枯死，剩余的半边，也只有一树皮空壳，只留一小片在土壤中，但仍顽强的生长着，且枝繁叶茂。

编号：0008

树名：槐树

科属：豆科　槐属

树龄：2000 年

树高：5 米

胸围：450 厘米

地址：运城市永济市栲栳镇龙引村

省卷 上册

编号：0009
树名：槐树
科属：豆科　槐属
树龄：2500 年
树高：17.1 米
胸围：584 厘米
地址：晋城市沁水县土沃乡南阳村

这株槐树，树干已裂成两瓣，树皮大部分脱落。北部裂口可容纳约七八人；南部两个小洞，一个直径0.4米，一个直径0.3米。此树为秦时所植。

编号：0010
树名：槐树
科属：豆科 槐属
树龄：2000 年
树高：6.7 米
胸围：690 厘米
地址：运城市垣曲县谭家乡南丁坂村老母堂（庙）前

编号：0011

树名：槐树

科属：豆科　槐属

树龄：2500 年

树高：31 米

胸围：628 厘米

地址：晋城市沁水县中村镇
　　　东沟村小沟旁

编号：0012

树名：槐树

科属：豆科　槐属

树龄：2000 年

树高：14 米

胸围：659 厘米

地址：晋城市沁水县土沃乡台亭村

沁水县土沃乡台亭村有一株古槐树，在日本侵华时，村中有一妇女放哨，夜晚天寒燃火，不慎烧坏了高 9 米、宽 1.15 米的半边树干，现仅剩下半边树干，木牌上刻着"神仙槐"。

编号：0013

树名：槐树

科属：豆科　槐属

树龄：2200 年

树高：16 米

胸围：1021 厘米

地址：晋城市沁水县固县乡坪头村

编号：0014

树名：槐树

科属：豆科 槐属

树龄：2000 年

树高：35 米

胸围：534 厘米

地址：晋城市沁水县中村镇白华村

编号：0015

树名：槐树

科属：豆科　槐属

树龄：2000 年

树高：9.2 米

胸围：550 厘米

地址：长治市沁源县李元乡下洼村

这株槐树，1985 年被火烧过，现从树皮又萌生出一些小树，最大的一株胸围 1.6 米，高 17.2 米，在干高 1.75 米处分生新枝，故称为"母子槐"。此树为汉代所生。

这株槐树，相传为汉代所植，其中西枝完全风折，留一残痕；东枝和北枝因空腐上半截也受风折，又萌发出新枝。该树西南半个树干已枯，东北面半个树干有皮。

编号：0016
树名：槐树
科属：豆科 槐属
树龄：2000 年
树高：17 米
胸围：700 厘米
地址：长治市襄垣县原庄乡安宁村

编号：0017

树名：槐树

科属：豆科　槐属

树龄：2000 年

树高：15.7 米

胸围：700 厘米

地址：长治市长子县慈林镇胡家贝村

此树老态龙钟，巍然屹立，枝繁叶茂。
传说为汉朝栽植，堪称长治市"国槐王"。

　　该树根部一分为二，成为两个主干，中间拱成一个大空洞，一个人能顺利通过。

　　这棵槐树，像一个巨人一样两腿挺立站在闫家河村旁，生机盎然、气势磅礴、雄伟壮观、枝叶繁茂，浓阴蔽日。

编号：0018

树名：槐树

科属：豆科　槐属

树龄：2000 年

树高：20 米

胸围：436 厘米

地址：长治市壶关县常平乡闫家河村

编号：0019

树名：槐树

科属：豆科　槐属

树龄：2000 年

树高：14 米

胸围：524 厘米

地址：阳泉市城区平坦镇香严寺

编号：0020

树名：槐树

科属：豆科 槐属

树龄：2000 年

树高：8 米

胸围：447 厘米

地址：晋中市寿阳县尹灵芝镇槐树庄村

编号：0021

树名：槐树

科属：豆科　槐属

树龄：3000 年

树高：15 米

胸围：480 厘米

地址：晋中市祁县古县镇涧法村东头

编号：0022

树名：槐树

科属：豆科 槐属

树龄：2000 年

树高：20 米

胸围：659 厘米

地址：晋中市灵石县梁家焉乡泉侧坪村观音庙内

编号：0023

树名：槐树

科属：豆科　槐属

树龄：2000 年

树高：10 米

胸围：596 厘米

地址：晋中市灵石县坛镇乡常立村

编号：0024

树名：槐树

科属：豆科　槐属

树龄：2000 年

树高：12 米

胸围：460 厘米

地址：晋中市祁县古县镇涧法村西关街

编号：0025

树名：**槐树**

科属：豆科　槐属

树龄：2000 年

树高：12 米

胸围：450 厘米

地址：吕梁市汾阳峪道河余家垣村

编号：0026

树名：**槐树**

科属：**豆科 槐属**

树龄：**2000 余年**

树高：**12 米**

胸围：**659 厘米**

地址：**忻州市忻府区豆罗镇苏村村口庙旁**

编号：0027

树名：槐树

科属：豆科　槐属

树龄：1500 年

树高：28 米

胸围：300 厘米

地址：太原市晋源区西邵村庙前

编号：0028

树名：槐树

科属：豆科 槐属

树龄：1500 年

树高：8 米

胸围：533 厘米

地址：运城市河津市樊树乡史家庄村

编号：0029
树名：槐树
科属：豆科　槐属
树龄：1800 年
树高：7 米
胸围：356 厘米
地址：太原市清徐县徐沟镇丰润村

这株槐树，树干木质腐朽。在高 2.8 米处原分生 4 枝，因日本侵略军烧柴全部锯掉。现在树干上还留 0.85 米宽的皮，萌生了些新枝。

编号：0030

树名：槐树

科属：豆科　槐属

树龄：1600 年

树高：9.2 米

胸围：345 厘米

地址：运城市芮城县杜庄村乡沟渠村

编号：0031

树名：槐树

科属：豆科　槐属

树龄：1500 年

树高：12 米

胸围：450 厘米

地址：运城市垣曲县蒲掌乡邱家沟庙前

编号：0032

树名：槐树

科属：豆科 槐属

树龄：1500 年

树高：8 米

胸围：680 厘米

地址：运城市垣曲县古城镇南丁坂村

编号：0033
树名：槐树
科属：豆科　槐属
树龄：1800 年
树高：15 米
胸围：650 厘米
地址：运城市垣曲县毛家湾镇毛家湾村担山石组

这一株槐树，树干只有东边一少部分有皮，生长出一小枝。西边有一空洞。树干5米处有个伞形似虎头的疙瘩。西边5米处有个老寿星头。此树整体看像座假山。

编号：0034

树名：槐树

科属：豆科 槐属

树龄：1600 年

树高：13 米

胸围：741 厘米

地址：晋城市陵川县礼义镇曹庄村天地庙前

编号：0035

树名：槐树

科属：豆科　槐属

树龄：1800 年

树高：4.8 米

胸围：685 厘米

地址：晋城市阳城县固隆乡白涧村

编号：0036
树名：槐树
科属：豆科 槐属
树龄：1900 年
树高：21 米
胸围：785 厘米
地址：晋城市沁水县土沃村交口组

编号：0037

树名：槐树

科属：豆科　槐属

树龄：1800 年

树高：24 米

胸围：690 厘米

地址：忻州市忻府区解原乡上社村内

编号：0038
树名：**槐树**
科属：豆科 槐属
树龄：1700 年
树高：11 米
胸围：480 厘米
地址：临汾市尧都区贾得乡封侯村

编号：0039
树名：槐树
科属：豆科　槐属
树龄：1500 年
树高：14 米
胸围：471 厘米
地址：临汾市大宁县太古乡坦达村

编号：0040
树名：槐树
科属：豆科 槐属
树龄：1500 年
树高：17 米
胸围：543 厘米
地址：临汾市大宁县太古乡仪里村

编号：0041

树名：槐树

科属：豆科 槐属

树龄：1600 年

树高：16 米

胸围：487 厘米

地址：阳泉市城区小阳泉村

编号：0042

树名：槐树

科属：豆科　槐属

树龄：1600 年

树高：20 米

胸围：510 厘米

地址：阳泉市城区新泉观

编号：0043

树名：槐树

科属：豆科　槐属

树龄：1500 年

树高：18 米

胸围：540 厘米

地址：阳泉市平定县巨城镇南上庄村

编号：0044

树名：槐树

科属：豆科　槐属

树龄：1500 年

树高：11 米

胸围：430 厘米

地址：晋中市介休市连福镇柳沟村

编号：0045
树名：槐树
科属：豆科　槐属
树龄：1500 年
树高：15 米
胸围：471 厘米
地址：晋中市榆次区什贴区东庄村

编号：0046

树名：槐树

科属：豆科 槐属

树龄：1500 年

树高：15 米

胸围：753 厘米

地址：晋中市榆次区长凝镇西见子村

编号：0047
树名：槐树
科属：豆科　槐属
树龄：1600 年
树高：11 米
胸围：439 厘米
地址：晋中市平遥县襄垣乡郝洞村镇国寺

编号：0048
树名：槐树
科属：豆科 槐属
树龄：1600 年
树高：15 米
胸围：502 厘米
地址：晋中市榆次区乌金山镇高壁村

编号：0049

树名：槐树

科属：豆科　槐属

树龄：1500 年

树高：12 米

胸围：560 厘米

地址：吕梁市汾阳县翼村乡古贤村

编号：0050

树名：槐树

科属：豆科 槐属

树龄：1500 年

树高：16 米

胸围：856 厘米

地址：吕梁市汾阳市文峰乡小南关村

编号：0051

树名：槐树

科属：豆科　槐属

树龄：1600 年

树高：28 米

胸围：753 厘米

地址：吕梁市交城县天宁镇磁窑旧村娘娘庙

　　这株槐树位于大岩头村一位张氏家门口。据村民讲，以前此处有两株槐树，由于长势奇特，一株像龙，一株像凤，人称"龙凤槐"。1953年把"凤槐"砍了，如今只剩"龙槐"了，有人赋诗赞龙槐曰：

老槐奇特千年修
身背绣球根长瘤
树干像龙枝像凤
张氏三院度春秋

编号：0052
树名：槐树
科属：豆科　槐属
树龄：1500 年
树高：17 米
胸围：618 厘米
地址：吕梁市交城县西社镇大岩头村

编号：0053

树名：槐树

科属：豆科　槐属

树龄：1500 年

树高：6 米

胸围：630 厘米

地址：吕梁市汾阳市阳城乡文候村汾孝路旁

这株古槐在主干约 1 米处有一个"绣球花瘤"。从远处看，很像一头千年"羚羊"，有眼有嘴也有角，因此，人称"羚羊槐"。

编号：0054

树名：槐树

科属：豆科　槐属

树龄：1500 年

树高：20 米

胸围：659 厘米

地址：吕梁市交城县水峪贯镇鲁沿村

本节所展示的槐树，主要是精选唐、宋时期遗留下来的古槐，这些古槐虽历经沧桑，但仍生长健壮、挺拔，枝叶葱绿。胸径一般都在 1 米以上。

编号：0055

树名：槐树

科属：豆科　槐属

树龄：1300 年

树高：15 米

胸围：580 厘米

地址：太原市晋祠博物馆会仙桥北

编号：0056

树名：槐树

科属：豆科　槐属

树龄：1200 年

树高：10 米

胸围：600 厘米

地址：太原市晋源区南固碾村

编号：0057

树名：槐树

科属：豆科　槐属

树龄：1200 年

树高：20 米

胸围：670 厘米

地址：太原市晋源区晋祠镇杨家村

编号：0058

树名：槐树

科属：豆科　槐属

树龄：1200 年

树高：11 米

胸围：583 厘米

地址：太原市尖草坪区柴村

编号：0059

树名：槐树

科属：豆科　槐属

树龄：1000 年

树高：9 米

胸围：420 厘米

地址：太原市尖草坪区柴村街办三给村

编号：0060
树名：槐树
科属：豆科　槐属
树龄：1200 年
树高：8 米
胸围：550 厘米
地址：太原市万柏林区西铭村

编号：0061
树名：槐树
科属：豆科　槐属
树龄：1200 年
树高：10 米
胸围：530 厘米
地址：太原市万柏林区西铭村

编号：0062

树名：槐树

科属：豆科 槐属

树龄：1200 年

树高：15 米

胸围：570 厘米

地址：太原市万柏林区杜儿坪街大虎峪村

编号：0063

树名：槐树

科属：豆科 槐属

树龄：1200 年

树高：10 米

胸围：560 厘米

地址：太原市杏花岭区中涧河乡丈子头村

编号：0064

树名：槐树

科属：豆科 槐属

树龄：1200 年

树高：14 米

胸围：526 厘米

地址：太原市晋祠博物馆水镜台东南

编号：0065

树名：槐树

科属：豆科 槐属

树龄：1000 年

树高：9 米

胸围：510 厘米

地址：太原市晋祠博物馆水镜台东南

编号：0066
树名：槐树
科属：豆科 槐属
树龄：1000 年
树高：9 米
胸围：450 厘米
地址：太原市晋祠博物馆

编号：0067

树名：槐树

科属：豆科　槐属

树龄：1000 年

树高：10 米

胸围：409 厘米

地址：太原市晋源区晋祠镇赤桥村

编号：0068

树名：槐树

科属：豆科 槐属

树龄：1000 年

树高：12 米

胸围：556 厘米

地址：太原市晋源区晋祠镇赤桥村

编号：0069

树名：槐树

科属：豆科　槐属

树龄：1000 年

树高：15 米

胸围：495 厘米

地址：太原市晋源区晋祠镇赤桥村

编号：0070

树名：槐树

科属：豆科　槐属

树龄：1100 年

树高：10 米

胸围：518 厘米

地址：太原市晋源区姚村镇枣元头村

编号：0071

树名：槐树

科属：豆科　槐属

树龄：1000 年

树高：8 米

胸围：408 厘米

地址：太原市晋源区姚村镇枣元头村

编号：0072
树名：槐树
科属：豆科　槐属
树龄：1000 年
树高：15 米
胸围：496 厘米
地址：太原市晋源区闫家坟村

编号：0073

树名：槐树

科属：豆科　槐属

树龄：1000 年

树高：12 米

胸围：498 厘米

地址：太原市晋源区金胜镇冶峪村

编号：0074
树名：槐树
科属：豆科　槐属
树龄：1000 年
树高：15 米
胸围：508 厘米
地址：太原市晋源区杨家村

地址：太原市晋源区杨家村

编号：0075

树名：槐树

科属：豆科　槐属

树龄：1000 年

树高：19 米

胸围：520 厘米

地址：太原市晋源区杨家村

编号：0076

树名：槐树

科属：豆科　槐属

树龄：1000 年

树高：8 米

胸围：460 厘米

地址：太原市迎泽区柳巷街办铜锣湾购物中心东

编号：0077

树名：槐树

科属：豆科 槐属

树龄：1000 年

树高：9 米

胸围：430 厘米

地址：太原市迎泽区新民北街与三墙路口

编号：0078
树名：槐树
科属：豆科　槐属
树龄：1000 年
树高：16 米
胸围：510 厘米
地址：太原市迎泽区儿童公园西门

编号：0079

树名：**槐树**

科属：**豆科 槐属**

树龄：1000 年

树高：9 米

胸围：480 厘米

地址：太原市杏花岭区精营西二道街

编号：080

树名：**槐树**

科属：**豆科 槐属**

树龄：**1000 年**

树高：**12 米**

胸围：**518 厘米**

地址：**太原市杏花岭区小返乡麦坪村**

编号：0081
树名：槐树
科属：豆科　槐属
树龄：1000 年
树高：13 米
胸围：490 厘米
地址：太原市杏花岭区鼓楼街办东肖墙 9 号

编号：0082
树名：**槐树**
科属：豆科　槐属
树龄：1000 年
树高：7 米
胸围：414 厘米
地址：太原市万柏林区东社街办王家庄村

编号：0083

树名：槐树

科属：豆科 槐属

树龄：1000 年

树高：12 米

胸围：450 厘米

地址：太原市万柏林区小井峪街办前进路

编号：0084

树名：槐树（槐抱椿）

科属：豆科　槐属

树龄：1000 年

树高：8 米

胸围：380 厘米

地址：太原市杏花岭区柳巷北路路中

这株槐树树干中空，从树中间又长出一株椿树，枝繁叶茂、树干粗壮，椿树胸围有 100 多厘米。

编号：0085

树名：槐树

科属：豆科 槐属

树龄：1000 年

树高：13 米

胸围：645 厘米

地址：太原市杏花岭区柳巷北路路中

编号：0086
树名：槐树
科属：豆科　槐属
树龄：1000 年
树高：13 米
胸围：540 厘米
地址：太原市杏花岭区柳巷北路路中

太原市古树名木志牌
树　种：国槐　　　编号：B16
科　名：豆科
拉丁名：*Sophora japonica* L.

编号：0087

树名：槐树

科属：豆科　槐属

树龄：1000 年

树高：12 米

胸围：520 厘米

地址：太原市杏花岭区柳巷北路路中

编号：0088
树名：槐树
科属：豆科　槐属
树龄：1000 年
树高：11 米
胸围：580 厘米
地址：太原市杏花岭区柳巷北路路中

编号：0089

树名：槐树

科属：豆科　槐属

树龄：1000 年

树高：10 米

胸围：380 厘米

地址：太原市杏花岭区柳巷北路路中

编号：0090

树名：槐树

科属：豆科 槐属

树龄：1000 年

树高：15 米

胸围：323 厘米

地址：太原市杏花岭区东缉虎营路中

编号：0091

树名：槐树

科属：豆科 槐属

树龄：1000 年

树高：15 米

胸围：330 厘米

地址：太原市杏花岭区东缉虎营路中

编号：0092

树名：槐树

科属：豆科 槐属

树龄：1000 年

树高：11 米

胸围：350 厘米

地址：太原市杏花岭区东缉虎营路中

编号：0093

树名：槐树

科属：豆科 槐属

树龄：1000 年

树高：14 米

胸围：490 厘米

地址：太原市杏花岭区柳巷北路路中

编号：0094

树名：槐树

科属：豆科　槐属

树龄：1000 年

树高：15 米

胸围：350 厘米

地址：太原市晋源区罗城村庙院内

编号：0095

树名：槐树

科属：豆科 槐属

树龄：1000 年

树高：5 米

胸围：659.4 厘米

地址：太原市清徐县王答乡罗城营村

编号：0096

树名：槐树

科属：豆科 槐属

树龄：1000 年

树高：9 米

胸围：410 厘米

地址：太原市杏花岭区省政府梅山路旁

据该村宋氏家谱记载，该树为唐代栽植，因形似飞龙在天，故名"龙槐"，当地群众奉为"神树"。

编号：0097

树名：槐树

科属：豆科　槐属

树龄：1100 年

树高：7.5 米

胸围：360 厘米

地址：运城市永济市开张镇宋家卓村

编号：0098

树名：槐树

科属：豆科　槐属

树龄：1200 年

树高：11 米

胸围：290 厘米

地址：运城市新绛县泉掌镇白台寺

此树为该村孟氏祖居门前古树，因树干中间有一突起树瘤，形似虎头，故称"虎头槐"，仿佛为孟家看家护院，相伴终生。

编号：0099
树名：槐树（虎头槐）
科属：豆科　槐属
树龄：1000 年
树高：9.5 米
胸围：410 厘米
地址：运城市永济市城西办东姚温村

这株树半边已枯死。原来树的主人因树干倾斜压倒院墙，这户人家为保护古树只好搬到别处居住，让树在这户人家院中生长。

编号：0100
树名：槐树
科属：豆科 槐属
树龄：1000 年
树高：6 米
胸围：628 厘米
地址：运城市永济市城西办东姚温村

编号：0101

树名：槐树

科属：豆科　槐属

树龄：1000 年

树高：18.5 米

胸围：525 厘米

地址：运城市垣曲县古城镇西石村

编号：0102
树名：槐树
科属：豆科 槐属
树龄：1000 年
树高：7 米
胸围：410 厘米
地址：运城市垣曲县华峰乡西坡村洼里组

编号：0103

树名：槐树

科属：豆科 槐属

树龄：1000 年

树高：11 米

胸围：299 厘米

地址：运城市垣曲县解峪乡楼瓦沟西坡庄

编号：0104

树名：**槐树**

科属：豆科 槐属

树龄：1000 年

树高：12 米

胸围：540 厘米

地址：运城市垣曲县英言乡关庙村龙王庙沟

编号：0105

树名：槐树

科属：豆科　槐属

树龄：1000 年

树高：8 米

胸围：500 厘米

地址：运城市垣曲县英言乡关庙村突腰组

编号：0106
树名：槐树
科属：豆科　槐属
树龄：1300 年
树高：15 米
胸围：640 厘米
地址：运城市垣曲县毛家湾镇清泉村下沟组

编号：0107

树名：槐树

科属：豆科　槐属

树龄：1000 年

树高：4 米

胸围：370 厘米

地址：运城市垣曲县古城镇硖口村滋峪河

编号：0108

树名：槐树

科属：豆科 槐属

树龄：1000 年

树高：16 米

胸围：290 厘米

地址：运城市垣曲县皋落镇西河村葫芦沟组

编号：0109

树名：槐树

科属：豆科　槐属

树龄：1200 年

树高：19 米

胸围：530 厘米

地址：运城市垣曲县皋落镇西河村沙宝河组

编号：0110
树名：槐树
科属：豆科 槐属
树龄：1000 年
树高：13 米
胸围：420 厘米
地址：运城市垣曲县长直乡西交村下街组

编号：0111

树名：槐树

科属：豆科 槐属

树龄：1200 年

树高：10 米

胸围：540 厘米

地址：运城市垣曲县华峰乡西型马村七组

编号：0112

树名：槐树

科属：豆科 槐属

树龄：1000 年

树高：10 米

胸围：500 厘米

地址：运城市垣曲县英言乡西河解家庄

这株槐树，主枝已枯死，嫩枝茂盛，气势雄伟。

据传此树为宋朝所植。这里既有铁矿，又有银矿。清朝康熙四十六年，太监高华（太原人）请旨开矿，但他在开采银矿过程中，大肆贪污压榨人民，朝廷既收不到实益，更兼民怨沸腾，皇帝一怒之下降旨将太监高华问罪斩杀于槐树之下，从此这株槐树便更名为"斩公槐"。据当地老年人说，光绪末年还可以看到槐树上钉的斩太监时拴的大铜环，后被包在树皮之内。如今，树干2.8米高处长起一块瘤状疙瘩，仔细观察好像是十几个千奇百怪的猴子、狮子和豹子头，爬在树干上嬉闹。

编号：0113
树名：槐树
科属：豆科 槐属
树龄：1200 年
树高：18.8 米
胸围：514 厘米
地址：运城市夏县曹家庄乡温峪村

编号：0114

树名：槐树

科属：豆科 槐属

树龄：1000 年

树高：8 米

胸围：410 厘米

地址：运城市垣曲县英言乡西河村解家庄

编号：0115
树名：槐树
科属：豆科　槐属
树龄：1000 年
树高：8 米
胸围：432 厘米
地址：运城市垣曲县王茅镇上亳村兰沟

这株槐树由于立地条件很差，紧靠村内石墙生长，虽历经千年，但生长缓慢，树干较细，但从树根部又长出一株椿树，椿树反而长势很好，通直挺拔，郁郁葱葱。

编号：0116
树名：槐树
科属：豆科　槐属
树龄：1000 年
树高：7 米
胸围：270 厘米
地址：运城市垣曲县毛家湾镇清泉村下沟

编号：0117
树名：槐树
科属：豆科　槐属
树龄：1300 年
树高：23.1 米
胸围：758 厘米
地址：晋城市陵川县琵琶河村

这株槐树主干空腐，树根西部外露，有一空洞，根基周长 18.6 米。

编号：0118

树名：槐树

科属：豆科　槐属

树龄：1300 年

树高：22.5 米

胸围：597 厘米

地址：晋城市陵川县潞城镇大西河村

编号：	0119
树名：	槐树
科属：	豆科　槐属
树龄：	1000 年
树高：	6.7 米
胸围：	408 厘米
地址：	晋城市阳城县芹池乡南山村

编号：0120
树名：槐树
科属：豆科　槐属
树龄：1000 年
树高：7.5 米
胸围：440 厘米
地址：晋城市阳城县凤城镇后则腰村

编号：0121

树名：槐树

科属：豆科　槐属

树龄：1000 年

树高：18 米

胸围：820 厘米

地址：长治市襄垣县古韩镇小郝沟村

编号：0122

树名：槐树

科属：豆科 槐属

树龄：1300 年

树高：12 米

胸围：620 厘米

地址：长治市长子县石哲镇古兴村

编号：0123

树名：槐树

科属：豆科　槐属

树龄：1300 年

树高：12.7 米

胸围：570 厘米

地址：长治市长治县北呈乡西坡村

编号：0124
树名：槐树
科属：豆科 槐属
树龄：1300 年
树高：17 米
胸围：662 厘米
地址：长治市长治县贾掌镇原村

此树是一株唐槐，生长健壮。

编号：0125

树名：槐树

科属：豆科　槐属

树龄：1300 年

树高：17 米

胸围：660 厘米

地址：长治市华东小区院内

编号：0126
树名：**槐树**
科属：豆科　槐属
树龄：1200 年
树高：28 米
胸围：620 厘米
地址：长治市长子县碾张乡关村

相传，此树为唐代所栽，生长魁梧、健壮，人称："潞州第一槐"。

编号：0127

树名：槐树

科属：豆科　槐属

树龄：1000多年

树高：10米

胸围：460厘米

地址：长治市长治县城南头街

编号：0128

树名：槐树

科属：豆科　槐属

树龄：1300 年

树高：30 米

胸围：620 厘米

地址：长治市城区南山头村

省卷 上册

编号：0129

树名：槐树

科属：豆科 槐属

树龄：1000 年

树高：8.5 米

胸围：454 厘米

地址：长治市沁源县柏木乡南庄村

这株槐树，枝干通直没有损伤，相传为宋代所植。因树根外露，悬空，形态酷似大象，当地群众形象地称之为"大象树"。

408

编号：0130
树名：槐树
科属：豆科 槐属
树龄：1350 年
树高：17 米
胸围：350 厘米
地址：临汾市蒲县城关镇桃湾村

编号：0131

树名：槐树

科属：豆科　槐属

树龄：1300 年

树高：15 米

胸围：471 厘米

地址：临汾市大宁县太古乡坦达村

编号：0132
树名：槐树
科属：豆科　槐属
树龄：1000 年
树高：17 米
胸围：480 厘米
地址：临汾市大宁县峨镇西南堡村

编号：0133

树名：槐树

科属：豆科　槐属

树龄：1300 年

树高：19 米

胸围：492 厘米

地址：临汾市尧都区县底镇翟村

编号：0134

树名：槐树

科属：豆科　槐属

树龄：1000 年

树高：11 米

胸围：408 厘米

地址：临汾市蒲县蒲城镇桃湾后洼村

编号：0135

树名：**槐树**

科属：豆科 槐属

树龄：1300 年

树高：14 米

胸围：530 厘米

地址：临汾市尧都区河底乡疙瘩村

编号：0136

树名：槐树

科属：豆科　槐属

树龄：1000 年

树高：7 米

胸围：457 厘米

地址：临汾市尧都区大阳镇北郊村尧陵

编号：0137

树名：槐树

科属：豆科　槐属

树龄：1000 年

树高：25 米

胸围：650 厘米

地址：临汾市乡宁县关王庙镇燕涧村

编号：0138

树名：槐树

科属：豆科　槐属

树龄：1400 年

树高：25 米

胸围：439 厘米

地址：吕梁市交城县洪相乡西岭村

编号：0139

树名：槐树

科属：豆科　槐属

树龄：1200 年

树高：18 米

胸围：439 厘米

地址：吕梁市交城县西社镇沙沟村

编号：0140

树名：槐树

科属：豆科　槐属

树龄：1200 年

树高：28 米

胸围：486 厘米

地址：吕梁市交城县岭底乡山庄头村真武庙旁

　　这株槐树的根部有一空洞，形似香炉，故人称"香炉槐"。

编号：0141

树名：槐树

科属：豆科　槐属

树龄：1000 年（北株）　800 年（南株）

树高：12.5 米（北株）　19.1 米（南株）

胸围：461 厘米（北株）　417 厘米（南株）

地址：吕梁市交城县洪相乡安定村

编号：0142

树名：槐树

科属：豆科　槐属

树龄：1000 年

树高：12 米

胸围：1318 厘米

地址：吕梁市汾阳县冀村乡仁岩村

　　相传在唐末宋初年间，交城过古节赶庙会，张果老骑毛驴来到东关街舅舅家做客，因赶庙会的人多，没有栓毛驴的地方，随手拿出拐杖往地上一戳，拐杖立刻变作一棵小树，就把毛驴栓上，去了舅舅家。舅舅因多年没见这个神秘而有半仙之身的外甥，就拿出上好的杏花村汾酒来招待他，结果喝的果老大醉，临走时倒骑着毛驴忘了拿拐棍，之后这根拐棍就长成了大槐树。因此，人称"果老槐"。

编号：0143

树名：槐树

科属：豆科　槐属

树龄：1000 年

树高：19.6 米

胸围：533 厘米

地址：吕梁市交城县城内东关广生寺大门口

编号：0144

树名：槐树

科属：豆科　槐属

树龄：1500 年

树高：30.5 米

胸围：565 厘米

地址：吕梁市交城县西社镇米家庄村

该村生长于米家庄村古戏台前，因树干部有一巨大的树瘤似绣球，故人称"绣球槐"。

树生绣球逾千载，

叶茂参天畅心怀，

古稀贤人知谁在，

唯有古槐曾感慨。

　　这株古槐长势奇特，不知何年何种原因树干被撕为两半。树干虽被撕开，但长势茂盛，枝繁叶茂，蔚为壮观，人称"撕裂槐"。

编号：0145

树名：槐树

科属：豆科　槐属

树龄：1200 年

树高：20 米

胸围：586 厘米

地址：吕梁市交城县洪相乡申家庄槐树底

这株槐树树冠如伞，姿态优美，枝条自然扭曲，形若游龙，树冠婆娑摇曳，犹如凤尾。树连根，根缠树，龙身缠凤尾，凤翎戏龙身，龙爪深抓地，凤脚喜登枝，真是大自然留给人们的一幅美丽画卷。

编号：0146

树名：槐树

科属：豆科　槐属

树龄：1200 年

树高：15 米

胸围：400 厘米

地址：吕梁市交城县水峪贯镇
　　　张家庄村槐树坡

编号：0147
树名：槐树
科属：豆科　槐属
树龄：1100 年
树高：18 米
胸围：609 厘米
地址：吕梁市交城县洪相乡张家沟村

【槐树】

这株槐树，半个树身在地下，半个树身的根由于多年洪水冲刷露出地面。悬露的树根长达 20 多米，直达小河内，千姿百态。有的如"雄狮"怒吼，有的似"大象"戏水，有的若"人参"坐崖，有的像连株"绣球"，真是妙不可言。

朗朗千载月，夜夜照灵根。

为何冠如云，只缘根弥深。

编号：0148

树名：槐树

科属：豆科 槐属

树龄：1200 年

树高：24 米

胸围：565 厘米

地址：吕梁市交城县天宁镇柏林村

此树在树干约1米处有树花，形似观音，故人称"观音槐"。

编号：0149

树名：槐树

科属：豆科　槐属

树龄：1200年

树高：22米

胸围：596厘米

地址：吕梁市交城县西社镇东社村

编号：0150

树名：槐树

科属：豆科　槐属

树龄：1200 年

树高：14 米

胸围：502 厘米

地址：吕梁市柳林县柳林镇

编号：0151

树名：**槐树**

科属：豆科 槐属

树龄：1200 年

树高：10 米

胸围：684 厘米

地址：吕梁市柳林县蒋村镇后小成村

编号：0152

树名：槐树

科属：豆科　槐属

树龄：1300 年

树高：15 米

胸围：336 厘米

地址：吕梁市离石区莲花乡槐树村

编号：0153
树名：槐树
科属：豆科　槐属
树龄：1200 年
树高：23 米
胸围：722 厘米
地址：吕梁市离石区凤山街办下水西村

编号：0154

树名：槐树

科属：豆科　槐属

树龄：1000 年

树高：17 米

胸围：471 厘米

地址：吕梁市文水县开栅镇开栅村

编号：0155
树名：槐树
科属：豆科　槐属
树龄：1300 年
树高：20 米
胸围：722 厘米
地址：吕梁市文水县马西乡康家堡村

编号：0156

树名：槐树

科属：豆科　槐属

树龄：1000 年

树高：23 米

胸围：550 厘米

地址：吕梁市文水县凤城镇南峪口北头沟村

编号：0157

树名：**槐树**

科属：豆科　槐属

树龄：1400 年

树高：18 米　　椿 15.5 米

胸围：439 厘米　椿 157 厘米

地址：吕梁市文水县城关镇城内五道庙前

这株槐树，一级枝 2 个。主干倾斜空腐，有大裂口，树皮上有瘤状体。当地人称"唐槐"。在树干裂口处，长出一株椿树，树冠和槐树融为一体，群众唤名"槐抱椿"。

这株槐树，树根外露，在根上有腐朽的空洞，也有云状的疙瘩。树干空腐，北面有一凹陷，并有瘤状体，4大枝均枯腐，现在树冠为新生枝。在树东北侧的根盘上，斜长着一榆树。为"槐抱榆"，但不是同时生。槐树已有1000余年，榆树只有100年左右。

编号：0158

树名：槐树

科属：豆科　槐属

树龄：槐树1000年　　榆树100年

树高：槐树10米　　　榆树25米

胸围：槐树533厘米　　榆树219

地址：吕梁市孝义市西铺头村

编号：0159

树名：**槐树**

科属：豆科　槐属

树龄：1400 年

树高：19 米

胸围：659 厘米

地址：吕梁市汾阳市阳城乡文侯村

这株槐树当地人称为隋槐，树姿雄伟，古老苍劲。在 6 米高的主干上长满了许多疙瘩，较大者长 0.9 米，宽 0.7 米，厚 0.5 米，像是大佛的一只耳朵，也有人称为"佛耳槐"。

编号：0160

树名：槐树

科属：豆科　槐属

树龄：1200 年

树高：8 米

胸围：354 厘米

地址：吕梁市交城县天宁镇卦山

编号：0161
树名：槐树
科属：豆科　槐属
树龄：1200 年
树高：11 米
胸围：722 厘米
地址：吕梁市孝义市下栅镇下栅村

　　此树原高 16 米，1993 年因火灾将三大主枝烧毁断裂。后重新萌出新的枝条，目前生长旺盛，冠幅272 平方米，每到夏季浓阴遮地，是当地群众纳凉的好去处。

编号：0162
树名：槐树
科属：豆科 槐属
树龄：1200 年
树高：20 米
胸围：690 厘米
地址：吕梁市方山县北武当镇河庄村

该树原有两大主枝，一枝风折，一枝枯死，树冠
为新生枝组成。树干局部已空腐，但生长尚茂盛。

编号：0163

树名：槐树

科属：豆科　槐属

树龄：1300 年

树高：15 米

胸围：565 厘米

地址：晋中市榆次区东赵乡大发村

这株古槐部分主干已经枯腐，只在主干上端一侧萌生出一枝，但生长尚茂盛。

编号：0164
树名：槐树
科属：豆科　槐属
树龄：1000 年
树高：8 米
胸围：533 厘米
地址：晋中市榆次区庄子乡季麻村

编号：0165

树名：槐树

科属：豆科　槐属

树龄：1000 年

树高：8 米

胸围：565 厘米

地址：晋中市榆次区榆次老城

编号：0166

树名：槐树

科属：豆科　槐属

树龄：1000 年

树高：9 米

胸围：565 厘米

地址：晋中市太谷县侯城乡王海庆村

编号：0167

树名：槐树

科属：豆科　槐属

树龄：1000 年

树高：23 米

胸围：439 厘米

地址：晋中市祁县昭馀镇西关村

编号：0168
树名：槐树
科属：豆科　槐属
树龄：1400 年
树高：17.5 米
胸围：728 厘米
地址：晋中市平遥县辛村乡郭休村

　　这株槐树，相传为唐代所植。由于修路，树干被土埋住 2 米，在露出的 2 米高处，对称长出 4 个直径 1 米以上的一级大枝。形成东西南北各 25 米的树冠。这样古老的树，生长仍十分旺盛，比较少见。

在介休县龙凤乡张壁村，一佛二菩萨庙前，生长着一株槐树。在槐树的根部生长着一株柳树，两株树冠混为一体。槐树盘根错节，老态龙钟；柳树高大挺拔，风华正茂。恰是一老妇盘腿而坐，怀抱一英俊少年。槐树是唐代所生，柳树约20年。

编号：0169

树名：槐树　槐抱柳

科属：豆科　槐属

树龄：1400 年

树高：18 米　　柳 20 米

胸围：430 厘米　柳 119 厘米

地址：晋中市介休市龙凤乡张壁村

编号：0170
树名：槐树
科属：豆科　槐属
树龄：1300 年
树高：12 米
胸围：719 厘米
地址：晋中市寿阳县景尚乡南庄村

编号：0171

树名：槐树

科属：豆科　槐属

树龄：1100 年

树高：31 米

胸围：536 厘米

地址：晋中市寿阳县平舒乡西郭义村

编号：0172

树名：槐树

科属：豆科　槐属

树龄：1400 年

树高：20 米

胸围：570 厘米

地址：晋中市介休市三佳乡南梁水村吉祥寺

编号：0173

树名：槐树

科属：豆科　槐属

树龄：1200 年

树高：16 米

胸围：510 厘米

地址：晋中市平遥县都乡桥头村双林寺

编号：0174

树名：槐树

科属：豆科 槐属

树龄：1000 年

树高：27 米

胸围：520 厘米

地址：晋中市灵石县翠峰镇来全村大庙后

编号：0175
树名：槐树
科属：豆科　槐属
树龄：1200 年
树高：17 米
胸围：630 厘米
地址：晋中市寿阳县西洛镇万联村

编号：0176

树名：槐树

科属：豆科　槐属

树龄：1400 年

树高：17 米

胸围：596 厘米

地址：忻州市原平市闫庄镇南大常村

瀑里村昭济寺山门前的两株槐树，相传为唐高祖武德元年（公元618年）所植，距今已有1390年，为瀑里村六大景观之一，每到夏季，是当地村民纳凉避暑的好去处。

编号：0177

树名：槐树

科属：豆科　槐属

树龄：1390年

树高：10米

胸围：390厘米

地址：阳泉市郊区义井镇瀑里村昭济祠

编号：0178
树名：槐树
科属：豆科 槐属
树龄：1390 年
树高：17 米
胸围：507 厘米
地址：阳泉市郊区义井镇瀑里村昭济祠

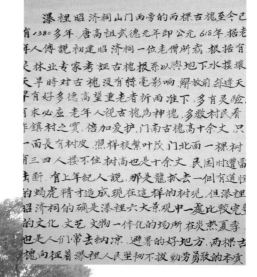

瀑里昭济祠山门两旁的两棵古槐至今已有1380多年。唐高祖武德元年即公元618年据老年人傅说初建昭济祠一位老僧所栽。根据有关林业专家考证古槐根系以與地下水接壤，天旱时对古槐没有鋅毫影响。解放前每逢天旱有好多德高望重老者祈雨准下，多有灵验，有求必应。老年人视古槐为神槐，多数村民看作镇村之寳，倍加爱护。门南古槐高十余丈，只一面長有树皮，照样枝繁叶茂。门北面一棵树有三四人摟不住，树高也是十余丈。民国卅遭雷击断，有上年纪人說，那是龍抓去一但有道恒的鴟虎精才造成現在這样的树观。但瀑里昭济祠的确是瀑里六大景观中一處比較完整的文化、文艺、文物一体化的场所，在炎热夏季也是人们常去纳凉、避暑的好地方，两棵古槐向征着瀑里人民堅韌不拔勤劳勇敢的本質。

这株古槐树体硕大，从槐树空腐的根部长有一株椿树，椿树已超过槐树，不仔细看，还以为是一株树上长着两种树叶。

编号：0179

树名：槐树

科属：豆科　槐属

树龄：1200 年

树高：15 米

胸围：513 厘米

地址：阳泉市郊区西南舁乡大洼村

编号：0180
树名：槐树
科属：豆科　槐属
树龄：1000 年
树高：8 米
胸围：350 厘米
地址：阳泉市平定县北庄镇北庄村

编号：0181

树名：槐树

科属：豆科　槐属

树龄：1000 年

树高：9 米

胸围：382 厘米

地址：阳泉市平定县北庄镇北庄村

编号：0182
树名：槐树
科属：豆科 槐属
树龄：1200 年
树高：21 米
胸围：370 厘米
地址：阳泉市平定县北庄镇北庄村

相传这株槐树植于唐朝。据当地民间传说，唐朝平阳公主镇守娘子关时，曾来此采集这株槐树的枝叶，治疗眼疾。因此，该村村民祖祖辈辈对这株槐树倍加珍爱保护。这株古槐树生根，根生树，至今，这株槐树已萌生出 4 代小树。其中较大的一株生长于母株露出地面的一条粗大的根上，就像孩子守着母亲一样。目前，这株槐树已是四世同堂。

这株古槐主干已空腐，但萌生的新枝长势尚盛，古槐被一株榆树5枝粗壮的枝条紧紧地围在一起，相依相生，相守相望。

编号：0183
树名：**槐树**
科属：豆科　槐属
树龄：1300 年
树高：13 米
胸围：390 厘米
地址：阳泉市盂县藏山

第二节 油 松

Pinus tabulaeformis Carr.

科属：松科　松属

常绿乔木，高可达 35 米，胸径 1 米以上。树皮深灰褐色，裂成不规则较厚的鳞状块片。大枝轮生。针叶 2 针一束，粗硬，长 10~15 厘米。球果卵圆形。花期 4~5 月，种子成熟期翌年 9~10 月。

我国特有树种。产山西各地，是组成山西森林最主要的树种之一。分布于华北、西北等北方多数省区。

山西省油松古老大树很多，多见于寺庙、寺庙遗址及村庄。如交城县横尖镇"白菜松"、沁源灵空山圣寿寺"九杆旗"，中阳县柏岔山"龙爪松"、"仙鹤松"及真武庙"青龙松"、"白龙松"，浑源县恒山"蘑菇松"、"龙盘松"，安泽县辛庄"九头松"，祁县峪口乡"通天松"，晋祠天龙山庙"蟠龙松"，霍县七里峪村"红岩松"等都是依树木的有关传说、生长的位置、树形等，群众赐予古大油松的俗称。

油松，树姿挺拔，刚劲而美观。四季常青，经冬而不凋，寿命达千年。油松适应性强，抗旱、耐寒、耐瘠薄，不论土石山区、黄土丘陵区，还是风沙区，均能生长。穿石距崖，栉风沐雨，表现出顽强的风格。正是中华民族坚强不屈精神的具体写照，是劳动人民坚毅宽厚的仪表容颜的体现，是炎黄子孙悠久文化历史的沉淀。历史名人多以松树写诗作画。陈毅元帅以"大雪压青松，青松挺且直，欲知松高洁，待到雪化时"的诗句以及陶铸同志《松树的风格》一文，都以松树为比喻写出了共产党人的坚强品质和高尚情操。

油松全身都是宝。木材坚韧，富含松脂，耐腐力强，是建筑优良用材。松脂可提炼松香、松节油，松针能提取芳香油，是工业和医药重要原料。松子，味美可食等。

油松，是山西省山区主要造材树种，对保持水土，涵养水源，调节气候，改善生态环境，起到了积极作用。

山西省各大林区有大面积的郁郁葱葱的油松，多为天然次生林，挺拔苍翠，婀娜多姿，长势非常旺盛、喜人，在珍稀古树中占有重要地位。1988 年 3 月 7 日，山西省人大通过提案，确定油松同槐树为山西省省树。

编号：0184
树名：**油松**
科属：**松科 松属**
树龄：**1000 年**
树高：**10 米**
胸围：**534 厘米**
地址：**太原市尖草坪区马头水村**

编号：0185

树名：油松

科属：松科　松属

树龄：1000 年

树高：22 米

胸围：300 厘米

地址：太原市天龙山圣寿寺

编号：0186
树名：油松
科属：松科　松属
树龄：1000 年
树高：16 米
胸围：364 厘米
地址：太原市古交市栲栳村

编号：0187

树名：油松

科属：松科　松属

树龄：1300 年

树高：3 米

胸围：236 厘米

地址：晋城市沁水县中村镇白华村

据《高平县志》记载：张庄村松棚庙的两株古松同出一穴，一株主干高 3 米，3 枝同一方向横生，构成一个硕大的松棚，形如凤凰展翅；另一株主杆离地半米，反向斜出，似巨龙飞舞，故称"龙凤松"。后因火灾，龙松不幸烧死，凤松仍生长茂盛。

编号：0188
树名：油松
科属：松科　松属
树龄：1000 年
树高：15 米
胸围：236 厘米
地址：晋城市高平市张庄村

编号：0189

树名：油松

科属：松科　松属

树龄：1000 年

树高：12 米

胸围：201 厘米

地址：晋城市高平市米山镇米西村

编号：0190
树名：油松
科属：松科 松属
树龄：1000 年
树高：6 米
胸围：270 厘米
地址：晋城市沁水县胡低乡前岭村

一松、一柏相向生长，人称龙松凤柏。古松遒劲和畅，有森萧龙威，古柏端直中正，似飘逸飞舞。据传龙松凤柏为唐朝会神宫遗物，始载于贞观年间。

编号：0191

树名：油松

科属：松科　松属

树龄：1300 年

树高：12 米　　柏树 13 米

胸围：140 厘米　柏树 140 厘米

地址：长治市屯留县康庄园区

编号：0192
树名：油松（龙凤松）
科属：松科　松属
树龄：1200 年
树高：龙松 12 米　　凤松 9 米
胸围：龙松 276 厘米　凤松 188 厘米
地址：太岳山林区灵空山林场

编号：0193

树名：油松

科属：松科　松属

树龄：1000 年

树高：16 米

胸围：440 厘米

地址：临汾市汾西县佃坪乡山云村

编号：0194

树名：油松

科属：松科　松属

树龄：1000 年

树高：23 米

胸围：314 厘米

地址：临汾市安泽县良马乡小寨村

编号：0195

树名：油松

科属：松科　松属

树龄：1400 年

树高：16 米

胸围：165 厘米

地址：吕梁市交城县东坡底乡社里会村胡家沟

这株巨松，长势奇特，树形别致，主干突兀伸出粗壮的九条松枝，挺拔苍劲，气势磅礴，雄伟壮观，似九条巨龙直插云霄，人称"九龙松"。因形状又像颗巨形白菜，当地人又称"白菜松"。

浩然雄伟九龙松，
独居凌霄入九重，
千百年来沧桑尽，
一展雄风震乾坤。

编号：0196
树名：油松
科属：松科 松属
树龄：1100 年
树高：30 米
胸围：668 厘米
地址：吕梁市交城县庞泉沟镇王家湾村

编号：0197
树名：油松
科属：松科　松属
树龄：1800 年
树高：18 米
胸围：251 厘米
地址：吕梁市交城县水峪贯镇西孟村崔家坟

　　该树树顶平展，树的东半边几乎没有主枝，即使小枝弱枝也不多，而西半边第二侧枝又长又粗，树枝、树冠的整体形象酷似黄山的"迎客松"，故称乔子迎客松。凡从乔子沟进去登山的人们，远远望见"迎客松"，浑身轻松，爬山上顶峰，饱览好风景。

编号：0198
树名：油松
科属：松科　松属
树龄：1500 年
树高：20 米
胸围：282 厘米
地址：吕梁市中阳县宁乡镇河底村

编号：0199
树名：油松
科属：松科　松属
树龄：1400 年
树高：6 米
胸围：319 厘米
地址：吕梁市交口县广武庄村

　　这株油松，树干向北迂回曲折，20 多条粗壮的枝条分 4 层与地面平行生长，枝条平均长 7 米，东西南北冠幅约为 15 米。因奇特的树形酷似一条蟠龙，当地群众尊为神树，称为"蟠龙松"，为当地一大景观。

这株油松树冠如盖，高大粗壮、英武潇洒、矗立于高台之上，微风吹来，枝条随风摇摆，好似舒臂招手，仿佛迎接远道而来的客人，故称"迎客松"。

编号：0200
树名：油松
科属：松科　松属
树龄：1300 年
树高：10 米
胸围：436 厘米
地址：吕梁市中阳县宁乡镇柳沟村

编号：0201
树名：油松
科属：松科　松属
树龄：1000 年
树高：23 米
胸围：484 厘米
地址：吕梁市方山县北武当山

这株古松生长在北武当山的半山坡上，高大、挺拔，人称万年松。

编号：0202

树名：油松

科属：松科　松属

树龄：1300 年

树高：11 米

胸围：310 厘米

地址：吕梁市方山县北武当山

编号：0203

树名：油松

科属：松科　松属

树龄：1000 年

树高：18 米

胸围：345 厘米

地址：吕梁市孝义市下智峪村

这株油松 6 大主枝直立向上，组成一个庞大的树冠，整个树枝叶繁茂高大雄伟。

编号：0204
树名：油松
科属：松科 松属
树龄：1000 余年
树高：21 米
胸围：323 厘米
地址：吕梁市岚县李家湾村

编号：0205

树名：油松

科属：松科　松属

树龄：1500 年

树高：41 米

胸围：345 厘米

地址：晋中市榆社县禅山寺村

编号：0206

树名：油松

科属：松科　松属

树龄：1300 年

树高：15 米

胸围：298 厘米

地址：晋中市榆次区庄子乡麻地沟

编号：0207

树名：油松

科属：松科　松属

树龄：1000 年

树高：25 米

胸围：377 厘米

地址：晋中市寿阳县朝阳镇上湖峪村

编号：0208
树名：油松
科属：松科　松属
树龄：1000 年
树高：11 米
胸围：377 厘米
地址：晋中市寿阳县平头镇榆城村

编号：0209

树名：油松

科属：松科　松属

树龄：1000 年

树高：31 米

胸围：314 厘米

地址：晋中市祁县峪口乡峪口村

编号：0210

树名：油松

科属：松科　松属

树龄：1500 年

树高：14 米

胸围：345 厘米

地址：晋中市和顺县喂马乡前窑底村

编号：0211

树名：油松

科属：松科　松属

树龄：2000 年

树高：18 米

胸围：271 厘米

地址：阳泉市盂县孙家庄镇水神山烈女祠

编号：0212

树名：油松

科属：松科　松属

树龄：1000 年

树高：23 米

胸围：320 厘米

地址：阳泉市平定县国有林场
　　　药林寺

　　这株古松生长奇特，树干长满了各种突起、树皮似龟裂的鳞片，与龙身一般，树冠侧枝飘逸，又像展翅飞腾的凤凰，故人称"龙凤松"。

这一对龙凤松生长在著名旅游景区藏山入口处，今龙松已枯死，凤松犹存。凤松袅娜挺立，森耸青峰，双翅平展，栩栩如生，龙松虽已枯死，但风韵犹在，真乃大自然赐给人间的一对尤物。

编号：0213
树名：油松（龙凤松）
科属：松科　松属
树龄：2000多年
树高：凤松15米　　　龙松14米
胸围：凤松279厘米　龙松280厘米
地址：阳泉市盂县藏山

编号：0214
树名：油松
科属：松科　松属
树龄：1000 年
树高：20 米
胸围：284 厘米
地址：阳泉市盂县藏山

编号：0215

树名：油松

科属：松科　松属

树龄：1200 年

树高：26 米

胸围：480 厘米

地址：忻州市五台山台怀镇栖贤阁

编号：0216
树名：油松
科属：松科　松属
树龄：1100 年
树高：21 米
胸围：314 厘米
地址：忻州市五台县豆村镇佛光寺

编号：0217

树名：油松

科属：松科　松属

树龄：1100 年

树高：23 米

胸围：320 厘米

地址：忻州市五台县佛光寺门前

编号：0218
树名：油松
科属：松科　松属
树龄：1100 年
树高：21 米
胸围：282 厘米
地址：忻州市五台县豆村镇佛光寺内

编号：0219
树名：油松
科属：松科 松属
树龄：1000 年
树高：16 米
胸围：301 厘米
地址：忻州市繁峙县杏园乡公主寺

编号：0220

树名：油松

科属：松科　松属

树龄：1200 年

树高：14 米

胸围：314 厘米

地址：忻州市静乐县杜家村镇青羊尾村

编号：0221

树名：油松

科属：松科　松属

树龄：1300 年

树高：21 米

胸围：476 厘米

地址：忻州市岢岚县闫家村乡闫家村

省卷 上册

编号：0222

树名：油松

科属：松科 松属

树龄：1000 年

树高：22 米

胸围：376 厘米

地址：朔州市山阴县马营庄沙家寺

编号：0223
树名：油松
科属：松科　松属
树龄：1000 年
树高：24 米
胸围：267 厘米
地址：大同市浑源县恒山天峰岭

编号：0224

树名：油松

科属：松科　松属

树龄：1400 年

树高：23 米

胸围：345 厘米

地址：大同市浑源县恒山天峰岭

编号：0225
树名：油松
科属：松科　松属
树龄：900 年
树高：9 米
胸围：298 厘米
地址：晋城市沁水县郑村镇耿山村

编号：0226
树名：油松
科属：松科　松属
树龄：900 年
树高：7 米
胸围：220 厘米
地址：晋城市沁水县郑村镇南闵村

编号：0227

树名：油松

科属：松科　松属

树龄：900 年

树高：9 米

胸围：220 厘米

地址：晋城市沁水县张村乡胡家沟

编号：0228

树名：油松

科属：松科　松属

树龄：900 年

树高：7 米

胸围：267 厘米

地址：晋中市寿阳县朝阳镇谢家脑

　　生长在庞泉沟自然保护区的这3株树非常奇特，两株油松差不多一样高，粗壮的青杨树被这两株高大雄伟的油松紧紧抱住，形同情侣，当地人形象地称其为"情人树"。

编号：0229
树名：油松
科属：松科　松属
树龄：900 年
树高：18 米
胸围：200 厘米
地址：关帝山林局庞泉沟自然保护区大路崾

编号：0230
树名：油松
科属：松科　松属
树龄：900 年
树高：21 米
胸围：458 厘米
地址：大同市浑源县恒山

编号：0231

树名：油松（龙鳞松）

科属：松科 松属

树龄：900 年

树高：11 米

胸围：314 厘米

地址：大同市广灵县南村镇赵家坪村

山西古树大典

省卷（下册）

总主编　杜五安

中国林业出版社

目 录

上 册

第一编 总 论

第二编 名奇古树

第三编 古树文化

第四编 古树群

目 录

目 录

第七编 古树的保护传承和发展

第六编
千年古树

　　古树，是自然科学和社会科学融为一体的一门学科的科学，有较高的科学价值和实用价值，是研究树木生态、气候变化和社会发展的活标本，也是历史演变、社会兴替、重大历史事件的见证。

　　山西是全国古树保存数量较多的省份之一。据 2009 年对古树初步普查，全省 100 年以上的古树为 20 余万株，1000 年以上的古树 1000 余株，名奇古树近百株。

　　将全省这样数量庞大的古树汇编在一起，难度较大，采取省级和各地市分别编辑的方法，比较科学，省卷只编写千年以上的部分古树，其他大多数古树，由各地市组织力量编写。这样便于建档、便于查寻、便于应用、便于保护。

第十八章　裸子植物

GYMNOSPERMAE

银　杏

Ginkgo biloba L.

白果树　　　　　　　　　　　　　　　　　　　科属：银杏科　银杏属

落叶乔木，高可达 40 米。老树树皮灰褐色。枝有长枝、短枝之分。叶折扇形，有多数 2 叉状并列的细脉，上缘浅波状，有时呈 2 裂，基部楔形，有长柄；互生于长枝而簇生于短枝上。雌雄异株，球花生于短枝顶端的叶腋或苞腋。种子核果状，外种皮肉质，熟时呈淡黄色或橙黄色，中种皮骨质，白色，内种皮膜质。

银杏为中生代孑遗的稀有树种，特产我国，被称为"活化石"，为国家二级重点保护树种。

山西省内长城以南，海拔较低的地带常有栽培，晋中、晋南、晋东南等地偶见有数百年乃至千年的银杏树木。晋城市泽州县冶底村东岳庙（岱庙）有一株被称为"银杏王"的古老银杏树，树龄 3000 年以上，胸径达 3 米多，是山西省现存银杏树中最大的一株。浙江天目山有野生银杏。沈阳以南，广州以北各地均有栽培。

银杏对气候与土壤条件适应范围很广，年平均气温 10~18℃，冬季极端低温 −20℃以上，年降水量 600~1500 毫米，都能正常生长；喜深厚湿润肥沃而排水良好的沙壤土，抗旱性较强，但不耐水涝；在酸性、石灰性土壤上均能生长，以中性或微酸性土最适宜。喜光，深根性，萌蘖性强，寿命长。具有一定的抗大气污染能力。可播种、扦插、分蘖和嫁接繁殖，以播种及嫁接为主。

银杏是重要的园林绿化树种。木材结构细密，纹理直，有光泽，富弹性，不翘不裂，为优良用材。种仁可食用，因含氢氰酸，不宜多食，以免中毒；种仁亦可药用，有止咳化痰、润肺等效；叶可入药，对治疗心血管疾病有一定疗效。蜜源植物。

晋祠王琼祠堂南一株为雄株，祠堂北一株为雌株，两珠树皮无破裂，枝梢无枯状，生长很好。每逢炎夏，高大粗壮的树体，树叶婆娑摇曳，果实累累，游人在树下倾听清澈见底的流泉微曲，顿时人游兴倍增。

编号：0232
树名：银杏
科属：银杏科　银杏属
树龄：1000 年
树高：南株 21 米、　北株 19 米
胸围：南株 650 里米、北株 414 厘米
地址：太原市晋源区晋祠王琼祠堂前

编号：0233

树名：银杏

科属：银杏科　银杏属

树龄：1500 年

树高：15 米

胸围：230 厘米

地址：太原市晋祠博物馆芍药园北

编号：0234
树名：银杏
科属：银杏科 银杏属
树龄：1000 年
树高：21 米
胸围：474 厘米
地址：晋城市泽州县金村镇南庄村青莲寺殿后

这株古银杏树临沟渠而生。原来由于多年雨水冲刷，几条大根露出地面 3 米多长，根与树几乎等高。根盘下有 5 条龙状侧根伸向西南边。东西两根长达 16 米，南边 3 根长达 13.3 米，活像 5 条巨龙拔地而起，支持着将要塌陷的古树。5 条大根下面又有一条云根，好似乱云翻滚，巨龙腾飞，十分壮观（见下图）。2010 年，垣曲县对这株古银杏的露根进行了填土复壮，做了护栏，建了小游园，进行了很好地保护。自建小游园后，这株古银杏焕发了勃勃生机，长势十分茂盛（见右图）。当地群众将这株银杏树视为神树，倍加爱护。

编号：0235

树名：银杏

科属：银杏科　银杏属

树龄：1000 年

树高：24 米

胸围：450 厘米

地址：运城市垣曲县新城镇刘张村四组

保护前的古银杏

经过保护复壮，古银杏枝繁叶茂，一派生机。

编号：0236
树名：银杏
科属：银杏科　银杏属
树龄：1000 年
树高：14 米
胸围：304 厘米
地址：晋城市泽州县金村镇南庄村青莲寺殿后

编号：0237

树名：银杏

科属：银杏科　银杏属

树龄：800 年

树高：20 米

胸围：420 厘米

地址：临汾市曲沃县北董乡南下郇村

　　这株银杏树要4人才能合抱，历经千年还枝叶繁茂，被当地百姓称为"银杏王"。人站在树下，粗壮的树干就像一堵巨大的屏风。当地政府十分重视保护此树，对它特设立了名木保护碑，进行专业保护。

编号：0238

树名：银杏

科属：银杏科　银杏属

树龄：1300 年

树高：223 米

胸围：455 厘米

地址：临汾市尧都区金殿镇桑湾村

臭冷杉

Abies nephrolepis(Trautv.)Maxim.

科属：松科　冷杉属

常绿乔木，高达 30 米。树皮平滑或有浅裂纹，常有横列的疣状皮孔，灰色；树冠圆锥形。大枝轮生；叶落后枝上留有圆形微凹的叶痕；1 年生枝淡黄褐色或淡灰褐色，2~3 年生枝灰色、灰褐色或淡黄灰色。叶螺旋状着生，通常基部扭转排成二列；叶条形，扁平，长 1~3 毫米，宽约 1.5 毫米，上面中脉凹下，下面中脉隆起，具 2 灰白色气孔带，营养枝之叶先端有凹缺或 2 裂，果枝之叶先端尖或有凹缺。雌雄同株。球果直立，种鳞木质，熟时自中轴脱落，种鳞有种子 2。种子具翅。

产五台山北坡海拔 1800~2600 米的山地，多与白杆、华北落叶松、白桦、红桦等组成混交林，为山西稀有树种。东北及河北亦有分布。

根系浅，耐阴，耐水湿，生长较慢。树皮可提取栲胶及冷杉胶，木材可作一般用材。

在繁峙县二茄兰烂木桥的北坡上，有一片华北落叶松天然次生林，林内零星混交有山西稀有树种臭冷杉，其中一株，高 13.5 米，胸围 0.62 米。树体虽不大，树龄却近千年，其生长仍属正常。

编号：0239
树名：臭冷杉
科属：松科　冷杉属
树龄：1000 年
树高：13 米
胸围：62 厘米
地址：山西省五台山林区臭冷杉自然保护区

青 杆

Picea wilsonii Mast.

科属：松科 云杉属

常绿乔木，高达 50 米。树皮灰色至暗灰色，不规则鳞片状剥落；树冠塔形。大枝轮生；1 年生枝黄灰色，2~3 年生枝灰色、灰白色或褐灰色；小枝上有显著隆起的叶枕，叶枕斜伸。叶生于叶枕顶端，在枝上螺旋状排列，四棱状条形，稍扁，直或微弯，长 0.8~1.5 厘米，先端尖，横切面扁菱形，气孔线不明显，四面均为绿色。雌雄同株。球果卵状圆柱形或圆柱状长卵形；种鳞有种子 2；苞鳞短小，不外露。种子具翅。

产于恒山、管涔山、五台山、关帝山、太岳山和中条山。生于海拔 1600~2300 米的山坡。分布于内蒙古、河北、甘肃、青海、四川、湖北等省。

山西省青杆分布较广，但现有的大树多不在林区，而是在寺庙、坟地、庭院、村落。这些大树或为个人所有，或被敬为神树和风水树，或被僧人所保护而未遭砍伐或伤害。

青杆适应性较强，耐阴性强，耐寒冷，但在气候温凉湿润、土层深厚、排水良好的山地棕壤上生长良好。生长较慢。种子繁殖。

用材树种，木材较轻软，较耐久用，可供建筑、家具等用。树皮可提取栲胶。树姿优美，常作为园林绿化树种。

编号：0240

树名：青杆

科属：松科　云杉属

树龄：1000 年

树高：27 米

胸围：295 厘米

地址：忻州市五台县耿镇村

　　这株青杆生长的地方，据说是旧时当地山寨王张丑焕的后花园。在主干 2.5 米处开始分枝，到 8 米处向南平伸出一枝，大枝上又直立生长一株小树，到 11.5 米处东北侧一枝上也直立生长一株小树。抗日战争时期，八路军老四团为取暖做饭，在树冠下部砍过树枝，留下了砍后痕迹的隆起。

该树的大根全部裸露地面，在 4 条大根上还长着 0.4
米以上粗的侧根 55 条，露出地面 1~2 米长，又深深地扎
入土中，像蛛网般似的交织在一起，相当壮观。大树又
像一只公鸡昂首独立在高高的土丘上。

编号：0241

树名：青杆

科属：松科　云杉属

树龄：350 年

树高：18 米

胸围：270 厘米

地址：忻州市宁武县西马坊大南滩村前

编号：0242

树名：青杆

科属：松科　云杉属

树龄：1000 年

树高：25 米

胸围：251 厘米

地址：忻州市五台县台怀镇黛螺顶

这株青杆，由 13 轮侧枝组成 15 米高的塔形树冠，远看雄伟壮观。该树原是农民廉财家祖留，1956 年，树主决定砍伐利用，村民认为树势磅礴，四季常青，可为村增添景色，不愿将树砍伐，就集资 250 元将树买为村有。1970 年前后，一些人搞迷信，在树前筑了一米见方的土石栅，供神护树。现在该树没有任何伤损，长势很好。

编号：0243
树名：青杆
科属：松科　云杉属
树龄：350 年
树高：18 米
胸围：270 厘米
地址：朔州市应县三条岭乡关西沟

华北落叶松

Larix principis-rupprechtii Mayr.

红 杆

科属：松科 落叶松属

落叶乔木，高达 30 米。树皮灰褐色至栗棕色，不规则纵裂成小块状剥落。枝分长枝和短枝。叶在长枝上螺旋状排列，在短枝上簇生，窄条形，扁平，柔软，长 2~3 厘米，宽 1~1.5 厘米。雌雄同株。球果长圆状卵形或卵圆形；发育种鳞有种子 2；苞鳞暗紫色，略短于种鳞或近等长，在球果基部常微露出。种子有翅。

产于五台山、恒山、管涔山、关帝山、太岳山等山，生于海拔 1500~2700 米的山地。太行山、吕梁山、中条山有人工林。分布于内蒙古、河北及辽宁。

山西省被称为华北落叶松的故乡，古大树较多。太岳山介庙林场（灵石县马河乡）华北落叶松林内散生着 200 多株胸径 1 米以上的华北落叶松大树，其中生于青寨沟的一株最大。五台山伯强林场、管涔山大石洞林场亦有大树。

极喜光，甚耐寒，喜高寒湿润气候，对土壤适应性强，较耐干旱瘠薄和水湿；深根性，生长较快。种子繁殖。

木材材质坚韧，结构细，纹理直，含树脂，耐腐朽，为建筑、桥梁及水下工程的优良用材。树皮富含单宁，可提取栲胶；种子可榨油。

编号：0244

树名：华北落叶松

科属：松科　落叶松属

树龄：1000 年

树高：23 米

胸围：288 厘米

地址：管涔山国有林管理局大石洞林场小东沟

这株华北落叶松，树冠较小，不对称。主干尖削度大，树皮裂缝深，皮显得较厚。下部枝因采种子破坏严重，影响着该树的生长。

这是五台林局最大的一株华北落叶松。1964 年，在这株树上采秋果 9 麻袋。当地群众称此树为"落叶松王"。

编号：0245

树名：华北落叶松

科属：松科　落叶松属

树龄：1000 年

树高：25 米

胸围：270 厘米

地址：五台山国有林管理局伯强林场

编号：0246

树名：华北落叶松

科属：松科　落叶松属

树龄：1000 年

树高：19 米

胸围：178 厘米

地址：管涔山国有林管理局马家庄林场

这株粗的华北落叶松，长在一块大石头上，像一把伞一样遮着石头。群众称之为"独石古松"。

白皮松

Pinus bungeana Zucc. ex Endl.

虎皮松 蛇皮松

科属：松科 松属

常绿乔木，高可达30米。幼树树皮灰绿色，平滑，老树树皮灰褐色，呈不规则的鳞片状剥落，内皮乳白色。1年生枝灰绿色，无毛。针叶3针一束，粗硬，长5~10厘米，叶鞘早落。球花单性，雌雄同株。球果卵圆形，种鳞木质，鳞盾横脊显著，鳞脐背生，具三角状短尖刺，发育种鳞具种子2。种子有短翅。花期4~5月，种熟期翌年10~11月。

产于山西省中南部太行山、太岳山、中条山、关帝山及吕梁林区的石质山地。生长于海拔600~1800米处。分布于河南、陕西、甘肃、四川、湖北等省。为我国特有树种，是东亚唯一的三针松。

山西是白皮松主要产区，天然林较多，古老大树只见于中、南部的寺庙、村庄和坟地。如太原白云寺，临汾市梵王庙，霍县土地庙及韩北村，平顺县龙门寺等。

喜光，幼年稍耐阴；适生干冷气候，不耐湿热，能耐–30℃低温；在深厚肥沃的钙质土或黄土上生长良好，不耐积水和盐土，耐干旱。深根性，生长慢，寿命长，寿命可长达千年以上。对二氧化硫及烟尘抗性较强。种子繁殖。

树姿优美，树皮斑驳奇特，为极有价值的园林绿化树种。木材材质脆弱，有光泽，花纹美观，可供建筑、家具等用。种子可食用或榨油；球果可入药用，有止咳、化痰、平喘的作用。

编号：0247
树名：白皮松
科属：松科　松属
树龄：1000 年
树高：15 米
胸围：380 厘米
地址：太原市迎泽区南十方街白云寺

白云寺位于太原市东南。始建于唐，系名相狄仁杰为母还愿所建，历代多次增修，是太原佛教协会所在地，为太原市规模较大的佛教道场。据记载，这株白皮松系唐朝所栽。

编号：0248
树名：白皮松
科属：松科　松属
树龄：1000 年
树高：10 米
胸围：200 厘米
地址：运城市垣曲县古城镇北坡 2 组

编号：0249

树名：白皮松

科属：松科　松属

树龄：1000 年

树高：10 米

胸围：200 厘米

地址：运城市永济市虞乡镇三窑村松林寺

编号：0250
树名：白皮松
科属：松科　松属
树龄：900 年
树高：20 米
胸围：364 厘米
地址：晋城市沁水县郑村镇郭庄村

编号：0251
树名：白皮松
科属：松科　松属
树龄：1000 年
树高：9 米
胸围：204 厘米
地址：晋城市泽州县金村镇北桑坪村

生长在平顺县虹梯关乡的这株白皮松，以雄伟、健壮的姿态，独特的颜色，异样的风貌，日夜守护在虹梯关松树岭上。

站在虹梯关，俯瞰平顺山。

何惧风霜袭，护村保平安。

编号：0252

树名：白皮松

科属：松科 松属

树龄：1000 年

树高：12 米

胸围：300 厘米

地址：长治市平顺县虹梯关乡松树岭

此树，植于北宋，枝繁叶茂，郁郁葱葱，树冠硕大，干净洁白，堪称"凌寒翠不夺，迎风绿更浓"。

编号：0253
树名：白皮松
科属：松科　松属
树龄：1100 年
树高：30 米
胸围：205 厘米
地址：长治市市平顺县北耽乡南脑山

550

编号：0254

树名：白皮松

科属：松科 松属

树龄：1000 年

树高：10 米

胸围：242 厘米

地址：长治市平顺县芦芽庄

编号：0255

树名：白皮松

科属：松科　松属

树龄：1000 年

树高：12 米

胸围：380 厘米

地址：临汾市古县岳阳镇哲才村

编号：0256

树名：白皮松

科属：松科　松属

树龄：1000 年

树高：15 米

胸围：408 厘米

地址：临汾市霍州市李曹乡韩北村柏树坟

编号：0257

树名：白皮松

科属：松科　松属

树龄：1000 年

树高：20 米

胸围：300 厘米

地址：临汾市翼城县南梁镇陶家村

这株树有两处长得奇特：一处是树的分枝处，东南枝侧枝丛生，针叶茂集，叶色黛绿，好似彩云飘浮在树枝间。西北枝生长正常，侧枝繁茂，斜插蓝天。另一处是树的根部北边有几条弯曲各异的根，呈银白色，露出地面，好似几条白色巨龙抓住地皮支撑树干挺立，长得雄伟，挺拔，俊俏，非常壮观。

　　这株白皮松，树干通直，东侧有宽 0.3 米、长 1.5 米脱皮面，木质部裸露。干的南侧也有 3 处无皮，呈椭圆形。主干上共分 4 大枝，中间 1 枝粗壮，上边又分很多侧枝。整个树冠枝叶茂盛，节间较短，远看好似一朵彩云。由于陈香岭上风大的缘故，使树形成扭曲形，各侧枝又好似很多条白色蛟龙。

　　时经千载云枝盛，雪压风吹碧叶浓。

　　古庙院中相守望，白身碧冠郁葱葱。

编号：0258

树名：白皮松

科属：松科　松属

树龄：1000 年

树高：22 米

胸围：389 厘米

地址：临汾市尧都区土门镇魏家汕村

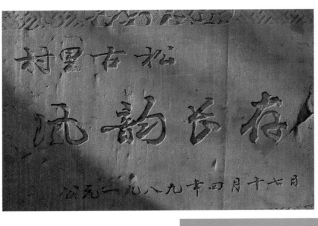

这两株树同时栽植，因这里土壤瘠薄，风大干旱，使树生长较为缓慢。近年来乡宁县加大了对古树的保护力度，使古树又焕发了勃勃生机，目前，这两株白皮松枝繁叶茂，长势良好。

关庙岭中一对松，
犹如并肩两弟兄。
经霜历雪丰姿壮，
迎送东西南北风。

编号：0259
树名：白皮松
科属：松科　松属
树龄：1000 年
树高：东株 10 米
　　　西株 12 米
胸围：东株 220 厘米
　　　西株 380 厘米
地址：临汾市乡宁县
　　　关王庙乡村里村

编号：0260

树名：白皮松

科属：松科　松属

树龄：2000 年

树高：22 米

胸围：295 厘米

地址：晋中市平遥县朱坑乡朱坑村粮站院内

编号：0261

树名：白皮松

科属：松科 松属

树龄：2000 年

树高：12 米

胸围：680 厘米

地址：临汾市乡宁县光华镇平坡村

华山松

Pinus armandii Franch.

科属：松科　松属

常绿乔木，高达35米。幼树树皮灰绿色或淡灰色，平滑，老树裂成方形或长方形厚块片。大枝轮生；1年生小枝绿色或灰绿色，平滑无毛。针叶5针一束，质柔软，长8~17厘米，叶鞘早落。球花单性，雌雄同株；雄球集生于新枝下部成穗状；雌球花生于新枝近顶端。球果大，圆锥状长卵圆形，长10~20厘米，径5~9厘米；种鳞木质，球果熟时种鳞张开，先端不反曲或微反曲，鳞脐顶生，发育种鳞具种子2。种子大，长1~1.5厘米，无翅。花期4~5月，翌年10月球果成熟。

产中条山沁水、阳城、翼城、绛县、垣曲、夏县及平陆等县。生于海拔1200~2000米的山地；中南部有引种。分布于华中、西北、西南。

晋城市沁水县下川小河湾村山神庙前有一株高24米，胸径0.75米大华山松，或因生长在庙前得以保护，现长势良好。

喜光，幼树稍耐庇阴；喜温凉湿润气候，不耐严寒及湿热，喜深厚肥沃土壤，稍耐干旱瘠薄，在酸性、中性土壤及石灰岩山地均能生长；浅根性，侧根发达，寿命较长。种子繁殖。

用材树种，材质轻软，纹理直，易加工，供建筑、板材、家具等用。树干可割取树脂；树皮可提取栲胶；针叶可提炼芳香油；种子可食用，也可榨油供食用或工业用。

编号：0262

树名：华山松

科属：松科　松属

树龄：1000 年

树高：东株 18 米　　西株 19 米

胸围：东株 283 厘米　西株 236 厘米

地址：运城市芮城县学张乡王山村

编号：0263
树名：华山松
科属：松科　松属
树龄：500 年
树高：24 米
胸围：235 厘米
地址：晋城市下川乡小河湾村

侧 柏

Platycladus orientalis(L.)Franco

科属：柏科　侧柏属

常绿乔木，高达20米以上，胸径1米以上，树皮薄，浅褐色，呈细条状纵裂。幼树树冠呈尖塔形，老树广圆形，小枝扁平，羽状分枝成一平面，两面同型。鳞叶小，交互对生，紧贴小枝。花单性，雌雄同株，球果卵圆形，熟时开裂。

山西省中南部浅山区天然林较多，北部较少，多生长在海拔600~1400米土壤干旱瘠薄的山坡，是山西省石灰岩山地重要的森林组成树种。原产我国华北、东北，现全国各地均有栽植。

山西栽培侧柏的历史悠久，南北各地都保存有树龄千年以上、胸径达1米以上的古侧柏甚多。这些古柏因寿命长、树形各异、文化内涵丰富，群众又给这些树赐予了俗称。1、按栽培历史命名的有介休县西欢村古侧柏"秦柏"，平遥卜宜村"隋柏"，晋祠圣母殿"周柏"及临猗县临晋镇、洪洞广胜寺、交城卦山天宁寺、榆次资贤寺的"唐柏"等；2、按树形命名的有：临猗县西张村"九龙柏"、平遥靳庄村"白菜柏"、临汾市尧庙"鸣鹿柏"、交城卦山的"牛头柏"、"虎头柏"及运城关公祠堂"龙柏"、洪洞广胜寺"麻花柏"等；3、按老树增长出新树命名的有："柏抱槐"、"柏抱楸"、"柏抱榆"等。

喜光，幼时稍耐阴，适应性强，对土壤要求不严，在酸性、中性、石灰性和轻盐碱土壤中均可生长，为钙质土指示植物，不耐水涝。根系发达，萌芽力强、生长较慢，寿命长，抗烟尘，抗二氧化硫、氯化氢等有害气体。种子繁殖。

山西省荒山造林重要树种之一，亦为重要的园林绿化树种，优良用材树种。木材可供建筑、家具等用，种子可榨油、入药，有止血、利尿、安神等功效。

编号：0264
树名：侧柏
科属：柏科　侧柏属
树龄：2500 年
树高：12 米
胸围：540 厘米
地址：太原市晋祠博物馆东岳祠

编号：0265
树名：侧柏
科属：柏科　侧柏属
树龄：2500 年
树高：15 米
胸围：691 厘米
地址：太原市迎泽区文庙街办文庙巷 40 号

编号：0266

树名：侧柏

科属：柏科　侧柏属

树龄：2500 年

树高：16 米

胸围：628 厘米

地址：太原市迎泽区文庙街办文庙巷 40 号

这株侧柏与一株紫藤同穴共生，由于紫藤长势非常茂盛，紧紧将柏树罩住，因此只见紫藤，不见柏树。

编号：0267

树名：侧柏

科属：柏科　侧柏属

树龄：2500 年

树高：14 米

胸围：502 厘米

地址：太原市迎泽区文庙街办文庙院内

文庙为祭祀孔子的场所，历来为尚儒文盛之地。2013年3月国务院公布为全国重点文物保护单位，现为山西省民俗博物馆。

编号：0268

树名：侧柏

科属：柏科　侧柏属

树龄：2500 年

树高：16 米

胸围：640 厘米

地址：太原市迎泽区文庙街办文庙院内

编号：0269
树名：侧柏
科属：柏科　侧柏属
树龄：3000 年
树高：10 米
胸围：300 厘米
地址：运城市盐湖区鸣条岗舜帝陵

这株侧柏长在舜帝陵墓上，在主干分枝处均匀地长着五大枝，人称"五子登科"。

传说李世民当年征战路过此地时在这株树
下歇息拴过马，故人称"拴马柏"。

编号：0270

树名：侧柏

科属：柏科　侧柏属

树龄：2000 年

树高：11 米

胸围：379 厘米

地址：运城市夏县其毋村

编号：0271

树名：侧柏

科属：柏科 侧柏属

树龄：2000 年

树高：15 米

胸围：380 厘米

地址：运城市新绛县古交镇王村

编号：0272

树名：侧柏（水泉柏）

科属：柏科　侧柏属

树龄：3400 年

树高：31 米

胸围：390 厘米

地址：临汾市洪洞县兴唐寺镇苑川村柏泉寺

编号：0273

树名：侧柏

科属：柏科　侧柏属

树龄：2500 年

树高：18 米 /12 米

胸围：414 厘米 /282 厘米

地址：吕梁市柳林县元昌山

　　这两株侧柏生长于柳林县元昌山。元昌山又名仙童山，俗称应雨神山，海拔 1289 米。山势高峻，登山可远眺离石城区，山体北部基石裸露，生长着 500 余亩天然侧柏，树干扭曲向上，长势良好。当地村民遇旱，常祈雨于其下，故又称应雨神山。

　　眼前这两株古侧柏于 1993 年被列入山西省首批省级保护古树名录。

这株古柏已逾千年，近年因主干空腐，当地筑高台进行了保护，目前长势良好。当地一文人诗曰：

参天拔地气森然，

铁骨蟠根冠貌妍。

荫庇乡人福万世，

承平沐露寿无边。

编号：0274

树名：侧柏

科属：柏科 侧柏属

树龄：1000 年

树高：14 米

胸围：300 厘米

地址：临汾市曲沃县高显镇常家村

编号：0275
树名：侧柏
科属：柏科　侧柏属
树龄：2200 年
树高：24.5 米
胸围：386 厘米
地址：吕梁市交城县天宁寺

编号：0276
树名：侧柏
科属：柏科　侧柏属
树龄：2000 年
树高：28 米
胸围：236 厘米
地址：阳泉市城区平坦镇香严寺

传说隋末尉迟恭（唐开国元勋）到马武寨剿灭草寇马武后，曾在此树拴马休息。近年，平遥县政府在这株古柏前立了石碑，并进行了重点保护，使这株古柏又焕发了勃勃生机。

编号：0277

树名：侧柏

科属：柏科　侧柏属

树龄：2300 年

树高：20 米

胸围：753 厘米

地址：晋中市平遥县卜宜乡卜宜村

编号：0278

树名：侧柏

科属：柏科　侧柏属

树龄：3000 年

树高：17 米

胸围：533 厘米

地址：忻州市原平市中阳乡史家岗村玉皇庙

编号：0279

树名：侧柏

科属：柏科　侧柏属

树龄：2200 年

树高：14 米

胸围：750 厘米

地址：阳泉市平定县东回镇瓦岭村

　　这株古柏，很有特色，主干以上分为若干枝条，且树叶贴干生长，左右盘曲，宛若游龙，故当地人称"龙柏"。

编号：0280
树名：侧柏
科属：柏科　侧柏属
树龄：1500 年
树高：15 米
胸围：533 厘米
地址：太原市阳曲县北留乡龙兴村

编号：0281

树名：侧柏

科属：柏科　侧柏属

树龄：1500 年

树高：23 米

胸围：150 厘米

地址：太原市晋源区西邵村文殊寺内

这株侧柏，树体向南倾斜，树干北边有一腐槽，从根部向上外翻，好像裂开一样。主干上分为两大枝，两大枝的几个小枝七扭八曲，好像九龙盘旋，当地群众称为"九龙柏"。

编号：0282
树名：侧柏
科属：柏科　侧柏属
树龄：1500 年
树高：11 米
胸围：596 厘米
地址：运城市临猗县角杯乡西张村

编号：0283

树名：侧柏

科属：柏科　侧柏属

树龄：1800 年

树高：4 米

胸围：496 厘米

地址：晋城市阳城县白桑乡炼上村

编号：0284

树名：侧柏

科属：柏科 侧柏属

树龄：2200 年

树高：24 米

胸围：386 厘米

地址：晋城市阳城县町店镇崦山村

编号：0285
树名：侧柏
科属：柏科　侧柏属
树龄：1500 年
树高：8 米
胸围：141 厘米
地址：吕梁市交城县卦山风景区内

编号：0286
树名：侧柏
科属：柏科　侧柏属
树龄：1500 年
树高：12 米
胸围：280 厘米
地址：吕梁市交城县会立乡东沟村娘娘庙北

编号：0287

树名：侧柏

科属：柏科　侧柏属

树龄：1500 年

树高：17 米

胸围：176 厘米

地址：阳泉市盂县孙家庄镇水神山烈女祠

这株侧柏树干通直，树冠硕大，生长茂盛，远望似云雾缭绕，故人称"云雾柏"。

编号：0288
树名：侧柏
科属：柏科　侧柏属
树龄：1500 年
树高：11 米
胸围：174 厘米
地址：阳泉市盂县孙家庄镇水神山烈女祠

该树位于马头村东南沟渠庙下，生长于石塄之上，根下有一泉水池冬夏不涸。该树干5.5米处，枝分5叉。此树为榆次区古柏之冠，整株树形似孔雀开屏，根似青蛙戏水。

编号：0289
树名：侧柏
科属：柏科　侧柏属
树龄：1800 年
树高：10 米
胸围：502 厘米
地址：晋中市榆次区长凝镇马头村

编号：0290

树名：侧柏

科属：柏科　侧柏属

树龄：1500 年

树高：15 米

胸围：376 厘米

地址：晋中市榆次区乌金山镇高壁村资圣寺

编号：0291

树名：侧柏

科属：柏科　侧柏属

树龄：1500 年

树高：19 米

胸围：219 厘米

地址：忻州市原平市大林乡西神头村

编号：0292

树名：侧柏

科属：柏科　侧柏属

树龄：1500 年

树高：17 米

胸围：282 厘米

地址：忻州市原平市大林乡西神头村

省卷 下册

编号：0293

树名：侧柏

科属：柏科 侧柏属

树龄：1000 年

树高：15 米

胸围：364 厘米

地址：太原市尖草坪区迎新街办南固碾村

编号：0294

树名：侧柏

科属：柏科 侧柏属

树龄：1000 年

树高：17 米

胸围：225 厘米

地址：太原市晋祠博物馆浮屠院舍利塔西北角

编号：0295
树名：侧柏
科属：柏科　侧柏属
树龄：1000 年
树高：15 米
胸围：256 厘米
地址：太原市晋祠博物馆浮屠院舍利塔西

编号：0296
树名：侧柏
科属：柏科　侧柏属
树龄：1000 年
树高：9 米
胸围：418 厘米
地址：太原市晋祠博物馆圣母殿南侧

编号：0297

树名：侧柏

科属：柏科　侧柏属

树龄：1000 年

树高：19 米

胸围：289 厘米

地址：太原市晋祠博物馆台骀庙前北侧

编号：0298

树名：侧柏

科属：柏科 侧柏属

树龄：1000 年

树高：10 米

胸围：370 厘米

地址：太原市晋祠博物馆圣母殿东侧

编号：0299

树名：侧柏

科属：柏科　侧柏属

树龄：1000 年

树高：13 米

胸围：324 厘米

地址：太原市晋祠博物馆圣母殿东北

这株古柏长在"周柏"的南侧，树干通直，枝杈硕大粗壮，正好架住了倒下来的"周柏"，人称"撑天柏"。

编号：0300

树名：侧柏

科属：柏科　侧柏属

树龄：1000 年

树高：12 米

胸围：350 厘米

地址：太原市晋祠博物馆
　　　圣母殿北侧

编号：0301

树名：侧柏

科属：柏科　侧柏属

树龄：1000 年

树高：8 米

胸围：387 厘米

地址：太原市晋源区太山龙泉寺斋堂西南

编号：0304
树名：侧柏
科属：柏科 侧柏属
树龄：1300 年
树高：15 米
胸围：263 厘米
地址：太原市清徐县集义乡大常村寿宁寺

此树的奇特之处在于主干向左旋转生长，因此称之为螺旋柏。

编号：0305
树名：侧柏
科属：柏科　侧柏属
树龄：1100 年
树高：15 米
胸围：293 厘米
地址：太原市晋祠圣母殿东南侧

编号：0306

树名：侧柏

科属：柏科　侧柏属

树龄：1000 年

树高：14 米

胸围：178 厘米

地址：运城市盐湖区解州镇关帝庙

编号：0307
树名：侧柏
科属：柏科　侧柏属
树龄：1000 年
树高：18 米
胸围：227 厘米
地址：运城市盐湖区解州镇关帝庙

编号：0308
树名：侧柏
科属：柏科　侧柏属
树龄：1000 年
树高：21 米
胸围：238 厘米
地址：运城市盐湖区解州镇关帝庙

这株古柏的枝条横截面呈鸟形，故称"鸟柏"。

编号：0309

树名：侧柏

科属：柏科　侧柏属

树龄：1000 年

树高：12 米

胸围：398 厘米

地址：运城市垣曲县长直乡南凹村

编号：0310

树名：侧柏

科属：柏科 侧柏属

树龄：1100 年

树高：21 米

胸围：533 厘米

地址：运城市万荣县南张乡西苏冯村

编号：0311

树名：侧柏

科属：柏科　侧柏属

树龄：1050 年

树高：10 米

胸围：350 厘米

地址：运城市垣曲县长直乡南凹村

编号：0312

树名：侧柏

科属：柏科 侧柏属

树龄：1000 年

树高：6 米

胸围：352 厘米

地址：晋城市阳城县董封乡索岭村

编号：0313
树名：侧柏
科属：柏科 侧柏属
树龄：700 年
树高：12 米
胸围：205 厘米
地址：晋城市泽州县李寨乡底道村

编号：0314

树名：侧柏

科属：柏科　侧柏属

树龄：1000 年

树高：4 米

胸围：345 厘米

地址：晋城市阳城县北留镇南岭村

编号：0315

树名：侧柏

科属：柏科　侧柏属

树龄：1000 年

树高：17 米

胸围：367 厘米

地址：晋城市阳城县董封乡索岭村

这株侧柏，短短的主干以上共分 20 枝，枝叶繁茂。在树干分叉处的北面，还生长一株小叶朴。

编号：0316
树名：侧柏
科属：柏科 侧柏属
树龄：1000 年
树高：13 米
胸围：154 厘米
地址：临汾市蒲县柏山

编号：0317

树名：侧柏

科属：柏科　侧柏属

树龄：1000 年

树高：5 米

胸围：157 厘米

地址：临汾市洪洞县广胜寺上寺

编号：0318
树名：侧柏
科属：柏科 侧柏属
树龄：1000 年
树高：17 米
胸围：408 厘米
地址：临汾市洪洞县淹底乡杨家掌村

编号：0319
树名：侧柏
科属：柏科　侧柏属
树龄：2000 年
树高：20 米
胸围：519 厘米
地址：临汾市洪洞县曲亭乡东李村

该树从主干分枝处分出六大枝，直立向上，组成一硕大树冠，人称"六头柏"

编号：0320
树名：侧柏
科属：柏科　侧柏属
树龄：1000 年
树高：12 米
胸围：320 厘米
地址：临汾市汾西县僧念镇麻姑头村

编号：0321

树名：侧柏

科属：柏科　侧柏属

树龄：1100 年

树高：25 米

胸围：282 厘米

地址：临汾市襄汾县西贾乡东南李村

编号：0322
树名：侧柏
科属：柏科 侧柏属
树龄：1100 年
树高：28 米
胸围：402 厘米
地址：临汾市襄汾县汾城镇城隍庙

编号：0323

树名：侧柏

科属：柏科　侧柏属

树龄：1000 年

树高：28 米

胸围：377 厘米

地址：临汾市襄汾县汾城镇城隍庙

编号：0324

树名：侧柏

科属：柏科　侧柏属

树龄：1000 年

树高：10 米

胸围：214 厘米

地址：临汾市尧都区土门镇西头村

编号：0325

树名：侧柏

科属：柏科　侧柏属

树龄：1000 年

树高：11 米

胸围：138 厘米

地址：临汾市尧都区尧庙

编号：0326

树名：**侧柏**

科属：柏科　侧柏属

树龄：1200 年

树高：12 米

胸围：245 厘米

地址：临汾市尧都区太阳镇北郊村

省卷 下册

编号：0327
树名：侧柏
科属：柏科　侧柏属
树龄：1200 年
树高：15 米
胸围：300 厘米
地址：临汾市洪洞县广胜寺上寺

编号：0328

树名：侧柏

科属：柏科 侧柏属

树龄：1200 年

树高：11 米

胸围：600 厘米

地址：临汾市乡宁县光华乡苗岭村

编号：0329

树名：侧柏

科属：柏科　侧柏属

树龄：1100 年

树高：28 米

胸围：377 厘米

地址：临汾市襄汾县汾城镇城隍庙

编号：0330

树名：侧柏

科属：柏科　侧柏属

树龄：1400 年

树高：17 米

胸围：223 厘米

地址：吕梁市中阳县宁乡镇柳沟村柏洼山

地址：吕梁市中阳县宁乡镇柳沟村柏洼山

编号：0331

树名：侧柏

科属：柏科　侧柏属

树龄：1400 年

树高：20 米

胸围：320 厘米

地址：吕梁市中阳县宁乡镇柳沟村柏洼山

这两株侧柏长势良好，在主干处两树相接，犹为
夫妻依偎拥抱。从唐到今，相依相伴恩恩爱爱。

编号：0332
树名：侧柏
科属：柏科 侧柏属
树龄：1300 年
树高：14 米
胸围：188 厘米
地址：吕梁市交城县卦山风景区

编号：0333

树名：侧柏（钢鞭柏）

科属：柏科　侧柏属

树龄：1200 年

树高：8 米

胸围：133 厘米

地址：吕梁市交城县卦山风景区

编号：0334

树名：侧柏

科属：柏科　侧柏属

树龄：1200 年

树高：9 米

胸围：223 厘米

地址：吕梁市交城县卦山风景区

编号：0335

树名：侧柏（蛇头柏）

科属：柏科　侧柏属

树龄：1100 年

树高：20 米

胸围：244 厘米

地址：吕梁市交城县卦山佛堂院内

栩栩如生、形象逼真的蛇头柏"蛇头"

编号：0336

树名：侧柏（罗汉柏）

科属：柏科 侧柏属

树龄：1200 年

树高：8 米

胸围：251 厘米

地址：吕梁市交城县卦山坤位旁

这株侧柏，树干上端有一巨型树瘤，形似虎头，故人称"虎头柏"。

编号：0337
树名：侧柏（虎头柏）
科属：柏科　侧柏属
树龄：1200 年
树高：17 米
胸围：314 厘米
地址：吕梁市交城县卦山风景区

编号：0338

树名：侧柏

科属：柏科　侧柏属

树龄：1200 年

树高：20 米

胸围：276 厘米

地址：吕梁市交城县卦山风景区

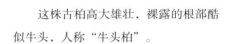

这株古柏高大雄壮，裸露的根部酷
似牛头，人称"牛头柏"。

编号：0339

树名：侧柏（牛头柏）

科属：柏科　侧柏属

树龄：1200 年

树高：20 米

胸围：266 厘米

地址：吕梁市交城县卦山风景区

编号：0340

树名：**侧柏**

科属：柏科　侧柏属

树龄：1000 年

树高：12 米

胸围：250 厘米

地址：吕梁市交城县卦山风景区

这株古柏在卦山的天宁寺大殿前院，叶苍枝壮，树干遒劲，给寺院笼罩了一层神秘色彩。

编号：0341

树名：侧柏（寿星柏）

科属：柏科　侧柏属

树龄：1100 年

树高：18 米

胸围：485 厘米

地址：吕梁市交城县卦山风景区

　　这株侧柏，长势奇特，树干自然弯曲，修长的枝干犹如雨后彩虹一般，故人称"彩虹柏"。

编号：0342
树名：侧柏（彩虹柏）
科属：柏科　侧柏属
树龄：1000 年
树高：12 米
胸围：229 厘米
地址：吕梁市交城县卦山风景区

这株古柏树形奇特，根中间有洞，洞中有根。细看，树枝和树根组成一吉祥的"吉"字。卦山僧人讲，游人若能在这株柏树下坐坐，就能逢凶化吉，一年通顺。相传，唐代诗人李商隐，也曾经在这株树下坐过。

古柏众称奇，逢凶能化吉，

游人根上坐，合掌把佛依。

编号：0343

树名：侧柏（吉祥柏）

科属：柏科　侧柏属

树龄：1000 年

树高：18 米

胸围：205 厘米

地址：吕梁市交城县卦山书院牌楼下右侧

编号：0344
树名：侧柏
科属：柏科　侧柏属
树龄：1000 年
树高：15 米
胸围：四株平均 219 厘米
地址：吕梁市交城县卦山风景区

这四株古柏你缠我绕，互相照应，和睦相处，十分融洽，人称"连理柏"。

四株古柏互相依，

枝绕根连亲似嫡。

翠影翩翩传爱意，

千年连理显神奇。

这株柏树位于卦山风景区入口处，高大挺拔，巍然挺立，就像一位威武的将军守护着卦山天宁寺，故称为"将军柏"。

编号：0345

树名：侧柏（将军柏）

科属：柏科　侧柏属

树龄：1300 年

树高：19 米

胸围：188 厘米

地址：吕梁市交城县卦山风景区

这株古柏位于卦山坎位，故名"坎峰柏"。

编号：0346
树名：侧柏（坎峰柏）
科属：柏科 侧柏属
树龄：1000 年
树高：15 米
胸围：219 厘米
地址：吕梁市交城县卦山坎位

编号：0347
树名：侧柏
科属：柏科　侧柏属
树龄：1000 年
树高：15 米
胸围：212 厘米
地址：吕梁市临县林家坪乡白草村

编号：0348
树名：侧柏
科属：柏科 侧柏属
树龄：1300 年
树高：13 米
胸围：313 厘米
地址：吕梁市临县曲峪正觉寺

编号：0349

树名：侧柏

科属：柏科　侧柏属

树龄：1000 年

树高：14 米

胸围：380 厘米

地址：吕梁市孝义市老爷庙内

编号：0350

树名：侧柏

科属：柏科　侧柏属

树龄：1350 年

树高：18 米

胸围：502 厘米

地址：晋中市平遥县假村镇堡和村法登寺院内

编号：0351

树名：侧柏

科属：柏科　侧柏属

树龄：1000 年

树高：9 米

胸围：295 厘米

地址：吕梁市文水县凤城镇庄头坡上

编号：0352
树名：侧柏
科属：柏科 侧柏属
树龄：1000 年
树高：12 米
胸围：439 厘米
地址：晋中市介休市龙凤乡遐避村

此树据秦柏 20 多米，树的主干部位有多处瘤状物，形状极似各种动物头像，越发显得苍劲、雄伟、健壮。

编号：0353
树名：侧柏
科属：柏科　侧柏属
树龄：1300 年
树高：12 米
胸围：377 厘米
地址：晋中市介休市绵山镇西欢村秦柏岭龙天庙

编号：0354
树名：侧柏
科属：柏科　侧柏属
树龄：1000 年
树高：13 米
胸围：219 厘米
地址：晋中市榆社县河峪乡禅山寺

寺中一碑文记载："殿后左柏植于磐石，霜皮黛色，蔚然浑秀"。

编号：0355

树名：侧柏

科属：柏科　侧柏属

树龄：1200 年

树高：11 米

胸围：132 厘米

地址：晋中市榆社县河峪乡禅山寺

编号：0356

树名：侧柏（龙凤柏）

科属：柏科　侧柏属

树龄：1000 年

树高：凤柏 25 米　　龙柏 20 米

胸围：凤柏 135 厘米　龙柏 115 厘米

地址：晋中市寿阳县南燕竹镇孟家沟村龙泉寺

编号：0357

树名：侧柏

科属：柏科 侧柏属

树龄：1000 年

树高：24 米

胸围：390 厘米

地址：晋中市寿阳县平头镇后富沟村

编号：0358
树名：侧柏
科属：柏科 侧柏属
树龄：1000 年
树高：20 米
胸围：127 厘米
地址：阳泉市平定县国有林场药林寺

编号：0359

树名：侧柏

科属：柏科　侧柏属

树龄：1200 年

树高：25 米

胸围：214 厘米

地址：阳泉市郊区河底镇燕龛村

编号：0360
树名：侧柏
科属：柏科　侧柏属
树龄：1300 年
树高：18 米
胸围：410 厘米
地址：阳泉市盂县大车沟

编号：0361
树名：侧柏
科属：柏科　侧柏属
树龄：1000 年
树高：20 米
胸围：340 厘米
地址：阳泉市盂县东木口

编号：0362

树名：侧柏

科属：柏科 侧柏属

树龄：1000 年

树高：26 米

胸围：460 厘米

地址：阳泉市平定县冠山镇森林公园

编号：0363
树名：侧柏
科属：柏科　侧柏属
树龄：1000 年
树高：18 米
胸围：370 厘米
地址：忻州市繁峙县岩头乡安头村圭峰寺

此树生长在代县峪口乡东章村观音寺院内，一株榆树和一株侧柏并生在一起，俗称"柏抱榆"。树冠东西 17 米，南北 17.4 米，主干高 1 米，埋在地下 1 米。侧柏分三枝，在其中部有一铁箍，达数百年之久。在侧柏分枝的西南面长出了榆树。直径为 1 米，向南平伸，上分两大枝，枝繁叶茂。

编号：0364
树名：侧柏（柏抱榆）
科属：柏科 侧柏属
树龄：1200 年
树高：18 米
胸围：471 厘米
地址：忻州市代县峪口乡东章村

编号：0365
树名：侧柏
科属：柏科　侧柏属
树龄：1100 年
树高：15 米
胸围：330 厘米
地址：长治市郊区大辛庄续梁家庄村观音堂村

此树挺拔健壮，直立雄伟，生长茂盛。

编号：0366

树名：侧柏（姐妹柏）

科属：柏科　侧柏属

树龄：800 年

树高：7 米

胸围：140 厘米

地址：吕梁市交城县卦山书院寺

编号：0367

树名：侧柏（芙蓉柏）

科属：柏科 侧柏属

树龄：800 年

树高：7 米

胸围：188 厘米

地址：吕梁市交城县卦山震位

编号：0368

树名：侧柏

科属：柏科　侧柏属

树龄：1200 年

树高：15 米

胸围：186 厘米

地址：吕梁市交城县卦山风景区

编号：0369
树名：侧柏
科属：柏科　侧柏属
树龄：800 年
树高：12 米
胸围：301 厘米
地址：晋中市太谷县明星镇
　　　东南街文庙院

垂枝侧柏

Platycladus orientalis (L.)Franco f. pendula Q.Q liu et H.Y.Ye

科属：柏科　侧柏属

　　垂枝侧柏，经专家鉴定为新变型，与侧柏不同处在于本变形小枝细长下垂，在侧柏的种群中实属罕见。仅在山西运城发现一株，外省也未见报道。本变型有较高的观赏价值。

该树生长在盐湖区龙居镇小张坞村马家寺堂门前，老枝弯曲，小枝下垂，长达 1.4 米，整个树形伞状，是一株与侧柏不同的罕见之物。

编号：370
树名：侧柏
科属：柏科　侧柏属
树龄：600 年
树高：6 米
胸围：128 厘米
地址：运城市盐湖区龙居镇小张坞

圆 柏

Sabina chinensis(L.)Ant.

科属：柏科　圆柏属

常绿乔木，高达 30 米。树皮纵裂成条状剥落。叶刺形或鳞形，刺形 3 枚轮生，叶基部下延，上面微凹，有两条白色气孔带；鳞形叶交互对生；幼树全为刺形叶，等长；老树全为鳞形叶；壮龄树则刺形叶和鳞形叶并存。雌雄异株，稀同株。球果浆果状，近球形，种子 1~4。花期 4 月，种熟期翌年 10~11 月。

圆柏在山西省各地均有栽培，栽培历史悠久而广泛。南北各地均有一些寺庙或庭院有古大圆柏，陵川县二仙姑庙"十二属相柏"、晋城市东岳庙"人字柏"及青莲寺"子母柏"，交城县卦山天宁寺"宝幢柏"等均为古老圆柏。未见天然分布。原产我国北部及中部，现各地广为栽培。

喜光，幼时较耐阴；喜温凉稍干燥的气候，耐寒冷；在酸性、中性及钙质土上均能生长，但以深厚、肥沃、湿润、排水良好的中性土壤生长最好，耐干旱瘠薄。深根性，生长缓慢，寿命长。对二氧化硫、氯气和氟化氢等多种有害气体抗性强，阻尘和隔音效果良好。播种、扦插，也可嫁接繁殖。

树姿优美，园林中常栽植为观赏树，或栽植为绿篱。亦可材用。枝叶入药，有祛风寒、活血、利尿等功效。

编号：0371

树名：圆柏

科属：柏科　圆柏属

树龄：1000 年

树高：17 米

胸围：370 厘米

地址：太原市晋祠博物馆奉圣寺大殿前北侧

这株圆柏，树干通直，树干有长 10 米宽 0.46 米的一条裂缝，为雷所击致伤。树龄有多大？一位 75 岁老人说：他爷爷说，有了稷王庙就有这一株树。稷王庙何时修建？无人知晓，只知是明万历年间重修。这个村原名涑北庄，后改为七里店。

编号：0372
树名：圆柏
科属：柏科 圆柏属
树龄：1000 年
树高：25 米
胸围：298 厘米
地址：运城市闻喜县岭西东乡七里店村

编号：0373
树名：圆柏
科属：柏科　圆柏属
树龄：1000 年
树高：10 米
胸围：200 厘米
地址：晋城市高平市三甲镇赤祥村嘉祥寺内

编号：0376

树名：圆柏

科属：柏科　圆柏属

树龄：1000 年

树高：8 米

胸围：291 厘米

地址：临汾市古县永乐镇范寨村

编号：0377

树名：圆柏

科属：柏科 圆柏属

树龄：1000 年

树高：12 米

胸围：323 厘米

地址：晋城市泽州县巴公镇西郜村

编号：0378

树名：圆柏

科属：柏科　圆柏属

树龄：1000 年

树高：23 米

胸围：254 厘米

地址：晋城市泽州县南村镇冶底村

这株圆柏根部形如人的双腿站立，主干挺拔，树干分裂到2米高处合为一体，当地人称"人字柏"。

编号：0379

树名：圆柏

科属：柏科　圆柏属

树龄：1000 年

树高：23 米

胸围：276 厘米

地址：晋城市泽州县南村镇冶底村

编号：0380

树名：圆柏

科属：柏科　圆柏属

树龄：1000 年

树高：16 米

胸围：370 厘米

地址：晋城市泽州县周村镇庄上村

编号：0381
树名：圆柏
科属：柏科　圆柏属
树龄：1000 年
树高：10 米
胸围：105 厘米
地址：晋城市泽州县川底乡崔沟村

编号：0382

树名：圆柏

科属：柏科　圆柏属

树龄：800 年

树高：8 米

胸围：289 厘米

地址：晋中市寿阳县南燕竹镇于家庄村

刺 柏

Juniperus formosana Hayata

科属：柏科　刺柏属

常绿乔木，高达 12 米。树皮灰褐色，条状纵裂；树冠狭圆锥形。小枝下垂；冬芽显著。叶全为条状刺形，3 叶轮生，长 1.2~2 厘米，稀达 3.2 厘米，宽 1~2 厘米，先端锐尖，上面微凹，绿色，中脉隆起，两侧各有 1 条白色，稀紫色或淡绿色气孔带，在先端汇合成一条，下面绿色，有钝棱脊，叶基有关节，不下延生长。球花单生叶腋。球果浆果状，球形或卵状球形，径 6~10 毫米，熟时淡红色或淡红褐色，果顶有 3 条辐状纵纹或略开裂，每球果有种子 3。种子三角状椭圆形。花期 3 月，球果翌年 10 月成熟。

山西翼城县、绛县城内及晋城等地有引种栽培。分布于我国长江流域地区，南达两广北部及台湾，分布很广。

喜光；适应性强，喜温暖多雨气候及石灰质土壤。播种或用侧柏嫁接繁殖。

材质致密，又极耐水湿，供建筑、家具、文化体育用品等用。小枝下垂，树形秀丽，可栽植供观赏。

编号：0383

树名：刺柏

科属：柏科　刺柏属

树龄：300 年

树高：12 米

胸围：170 厘米

地址：临汾市翼城县南梁乡上涧村

杜 松

Juniperus rigida Sieb. et Zucc.

科属：柏科　刺柏属

常绿乔木，高达12米。树冠塔形或圆柱形，老则圆头状。大枝直立，小枝下垂；冬芽显著。叶全为条状刺形，3叶轮生，硬而直，先端锐尖，上面有深槽，内有1条狭窄的白色气孔带，下面有明显纵脊，叶基部有关节，不下延生长。雌雄异株。球果浆果状，近球形，含种子2~4。花期5月，球果成熟期翌年10月。

产中北部山地，太岳山、管涔山、恒山及晋西北山地常见，生于海拔1000~1700米的阳坡。分布于东北、西北、内蒙古及河北。

喜光，稍耐阴；喜冷凉气候，耐寒，耐干旱瘠薄，能在岩缝中顽强生长，适应性强。深根性，生长较慢。播种或扦插繁殖。

木材坚硬，耐腐朽，可供工艺品、农具等用；球果入药，有发汗、利尿、镇痛之效，主治风湿性关节炎。树姿挺拔秀丽，供庭园观赏。

广灵县宝峰寺为元代所建。据林场工人说，周围没有发现野生杜松。证明这 3 株杜松是和尚从外地引进栽植的。南株不结果实，其余两株每年都结果实。

编号：0384
树名：杜松
科属：柏科　刺柏属
树龄：800 年
树高：西株 11 米 / 南株 14 米
胸围：西株 116 厘米 / 南株 160 厘米
地址：大同市广灵县宝峰寺

南方红豆杉

Taxus mairei(Lemeé et lévl.)S.Y.Hu et Liu

科属：红豆杉科 红豆杉属

常绿乔木，高达 20 米。树皮淡灰色或暗红褐色，呈长片状纵裂。小枝黄绿色，继变灰褐色。叶螺旋状排列，基部扭转排成羽状 2 列，条形或披针状条形，多呈弯镰状，长 1.5~3.5（4.5）厘米，宽 3~4 毫米，上部渐窄，先端锐或突尖，罕刺状渐尖，边缘通常不反卷，下面中脉两侧各具 1 条黄绿色气孔带，中脉带明晰可见，其色泽与气孔带相异，呈淡绿色或绿色，绿色边带较宽而明显。雌雄异株，球花单生叶腋，雄球花球形，雌球花顶端苞腋着生 1 胚珠，珠托盘状，花后发育成杯状假种皮。种子生于杯状肉质红色的假种皮中。.

产中条山区垣曲县历山、沁水县下川、阳城县蟒河，以及晋东南的陵川县与壶关县，生于海拔 500~1400 米的山沟内，呈小片状分布或零星分布，为山西稀有树种。分布于安徽、河南、甘肃等地南部及其以南各省区。

亚热带树种。阴性，喜温暖湿润气候及深厚肥沃、排水良好的酸性土壤，在中性土、钙质土山地亦能生长；生长慢。种子繁殖，亦可插条繁殖。

木材纹理直，坚实不裂，耐水湿，耐腐力强，为建筑及家具上等用材。种子可榨油；树皮含单宁。亦可作城镇园林绿化树种。

编号：0385

树名：南方红豆杉

科属：红豆杉科　红豆杉属

树龄：2000 年

树高：10 米

胸围：150 厘米

地址：长治市平顺县寺头乡井底村

第十九章　被子植物

ANGIOSPERMAE

毛白杨

Populus tomentosa Carr.

科属：杨柳科　杨属

落叶乔木，高达 40 米。树皮灰绿色至灰白色。长枝、短枝初被灰白色绒毛，后渐无毛。单叶互生，长枝上的叶三角状卵形或宽卵形，长 10~15 厘米，宽 8~13 厘米，边缘有不规则缺刻或波状齿，上面深绿色，下面密被灰白色绒毛，后渐脱落；叶柄上部侧扁，顶端常有 2~4 腺点。短枝上叶通常较小，边缘具波状齿，上面深绿色有光泽，下面幼时有毛，后全脱落。雌雄异株，葇荑花序。蒴果。

中国特产。山西产运城、临汾、晋东南等地区，多有小片天然林分布，以沁河中游和汾河下游地区为多，多生于海拔 1500 米以下的沟谷间、山坡或山脚地带；全省广为栽培。黄河中下游为分布中心，南达长江下游。

山西省毛白杨古大树主要分布在太原、阳泉以南地区，胸径达 1 米以上者颇多。

喜光；要求凉爽湿润气候，较耐寒冷；对土壤要求不严，在深厚肥沃、湿润的壤土和沙壤土上生长快。对二氧化硫、氟化氢、氯气抗性较强。深根性，耐干旱，生长快，寿命较长。根蘖萌生繁殖。人工繁殖主要用嫁接，其次为埋条、埋棵、扦插等方法。

木材质地好，纤维含量高，供建筑、家具、造纸和人造纤维等用。树姿雄伟，材质优良，生长快，是营造用材林、防护林、城乡四旁绿化的重要树种。

编号：0386

树名：毛白杨

科属：杨柳科 杨属

树龄：700 年

树高：24 米

胸围：465 厘米

地址：临汾市曲沃县曲村乡杨庄

小叶杨

Populus simonii Carr.

科属：杨柳科　杨属

　　落叶乔木，高达 25 米以上。树皮灰绿色，老时暗灰色，纵裂。幼树小枝和萌枝有明显的棱脊；冬芽稍有黏质。单叶互生，叶较小，叶片菱状卵形、菱状椭圆形或倒卵形，长 4~12 厘米，宽 2~8 厘米，中部或中部以上较宽，先端渐尖或突尖，基部楔形或窄圆形，边缘细锯齿，上面淡绿色，下面苍白色，无毛；叶柄圆筒形，长 0.5~4 厘米。雌雄异株，荑荑花序。蒴果。

　　产全省各地，野生或栽培。各地多有小叶杨古老大树，主要在北部及中部，多栽培于寺庙、村庄、院落。蒲县、山阴及寿阳县有胸径达 2.4 米以上的小叶杨。分布于我国东北、华北、西北、华中及西南等地。

　　喜光，喜湿，适应性强，对气候和土壤要求不严，抗寒、耐旱、耐瘠薄。繁殖容易，插条、埋条、播种均可。材质较好，可供一般用材及造纸、人造纤维等用。是良好的防风、固沙、保持水土及四旁绿化树种。

编号：0387

树名：小叶杨

科属：杨柳科 杨属

树龄：800 年

树高：22 米

胸围：730 厘米

地址：太原市阳曲县杨兴乡石槽村

编号：0388
树名：小叶杨
科属：杨柳科　杨属
树龄：800 年
树高：18 米
胸围：565 厘米
地址：晋城市沁水县端氏镇下沟村刘家自然庄

编号：0389

树名：小叶杨

科属：杨柳科　杨属

树龄：1000 年

树高：26 米

胸围：292 厘米

地址：长治市武乡县王家峪

编号：0390
树名：小叶杨
科属：杨柳科　杨属
树龄：1000 年
树高：21 米
胸围：549 厘米
地址：长治市沁源县鱼儿泉乡安家庄

编号：0391

树名：小叶杨

科属：杨柳科　杨属

树龄：1000 年

树高：14 米

胸围：565 厘米

地址：长治市壶关县店上镇郊界村

编号：0392

树名：小叶杨

科属：杨柳科 杨属

树龄：800 年

树高：22 米

胸围：630 厘米

地址：长治市武乡县韩北乡韩北村

编号：0393
树名：小叶杨
科属：杨柳科　杨属
树龄：700 年
树高：16 米
胸围：510 厘米
地址：长治市武乡县蟠龙镇老寨村

编号：0394

树名：小叶杨

科属：杨柳科　杨属

树龄：1000 年

树高：19 米

胸围：370 厘米

地址：临汾市洪洞县家左木乡东圈头村

编号：0395

树名：小叶杨

科属：杨柳科 杨属

树龄：1000 年

树高：26 米

胸围：687 厘米

地址：临汾市吉县柏东村

编号：0396

树名：小叶杨

科属：杨柳科　杨属

树龄：800 年

树高：25 米

胸围：521 厘米

地址：阳泉市平定县真武庙

编号：0397

树名：小叶杨

科属：杨柳科 杨属

树龄：1000 年

树高：18 米

胸围：753 厘米

地址：晋中市寿阳县平舒乡小东岢村

编号：0398
树名：小叶杨
科属：杨柳科　杨属
树龄：800 年
树高：25 米
胸围：879 厘米
地址：吕梁市交城县庞泉沟镇后坪村

这株小叶杨高昂挺拔，树冠浓绿成荫、遮天盖地，树冠覆盖面积680多平方米，主干5人才能围住，因生长在村旁小河边，所以长势旺盛，村民称其为"风水杨"。

编号：0399

树名：小叶杨

科属：杨柳科　杨属

树龄：600 年

树高：26 米

胸围：816 厘米

地址：吕梁市交城县东坡底乡贺家沟村

编号：0400

树名：小叶杨

科属：杨柳科　杨属

树龄：1000 年

树高：21 米

胸围：558 厘米

地址：关帝山林局庞泉沟保护区神尾沟

编号：0401
树名：小叶杨
科属：杨柳科 杨属
树龄：1000 年
树高：南 30 米 北 33 米
胸围：南 618 厘米 北 785 厘米
地址：忻州市五台县高洪口乡高洪口村

编号：0402

树名：小叶杨

科属：杨柳科 杨属

树龄：1300 年

树高：29 米

胸围：706 厘米

地址：忻州市宁武县西马坊乡馒头山村

编号：0403

树名：小叶杨

科属：杨柳科 杨属

树龄：1000 年

树高：20 米

胸围：631 厘米

地址：大同市阳高县狮子屯乡狮子屯村

编号：0404

树名：小叶杨

科属：杨柳科　杨属

树龄：600 年

树高：30 米

胸围：610 厘米

地址：忻州市堂儿上乡石窑村

青 杨

Populus cathayana Rehd.

科属：杨柳科 杨属

　　落叶乔木，高达 30 米。幼树皮灰绿色，光滑，老树暗灰色，浅纵裂。小枝圆柱形；冬芽有黏质。单叶互生，短枝叶片卵形、宽卵形或椭圆状卵形，长 5~10 厘米，宽 3~6 厘米，最宽处在中部以下，先端突渐尖或渐尖，基部圆形，稀近心形或阔楔形，边缘具钝圆腺齿，上面亮绿色，下面绿白色，无毛；叶柄圆柱形，长 2~7 厘米；长枝或萌枝叶片较大，卵状长圆形，长 10~20 厘米，基部常微心形。花单性，雌雄异株，葇荑花序。蒴果 3~4 裂，稀 2 裂。

　　产恒山、五台山、管涔山、关帝山、中条山、吕梁山等地，生于海拔 800~2000 米的山坡、沟谷、河流两岸；各地常有栽培，北部尤多。灵丘、沁源、沁水、阳曲等县均有胸径 1.5 米以上的大树，沁源安家庄村一株胸径达 1.75 米；古县下宝丰村"泡桐杨"亦为青杨大树。分布于辽宁、内蒙古、甘肃、青海、四川等省。

　　喜温凉湿润气候，较耐寒。对土壤要求不严，在沙壤土、沙土、石砾土、黄土、栗钙土上均能正常生长，不耐水淹，不耐盐碱。根系发达，抗旱能力较强。抗尘力强，对二氧化硫抗性强，吸收力也强。生长快。用种子或插条繁殖。

　　木材优良，可供建筑、家具等用。为用材林、防护林、水源涵养林和城乡绿化的重要树种。

编号：0405
树名：青杨
科属：杨柳科　杨属
树龄：1000 年
树高：15 米
胸围：342 厘米
地址：晋城市沁水县柿庄镇杨庄村

编号：0406

树名：青杨

科属：杨柳科　杨属

树龄：300 年

树高：16 米

胸围：395 厘米

地址：临汾市蒲县蒲城镇北辛庄村

旱 柳

Salix matsudana Koidz.

科属：杨柳科　柳属

　　落叶乔木，高达 20 米。树皮黑褐色，沟裂。枝无顶芽，侧芽芽鳞 1。单叶互生，叶片披针形，长 4~9 厘米，宽 6~12 毫米，叶缘有腺状尖锯齿，表面绿色，背面灰白色；叶柄长约 5 毫米。雌雄异株，荑黄花序；雄花雄蕊 2，离生，腺体 2，背腹各 1；雌花雌蕊柱头 2 裂，腺体 2，背生和腹生。蒴果。

　　全省各地广泛栽培或野生，海拔高可达 2000 米。分布于华北、东北、西北、华中及江苏等省。

　　山西南北各地都有百年以上的旱柳老树，胸径达 1.5 米以上者颇多，多生于村庄、河边、寺庙、坟地。古县北平镇辛庄村的一株旱柳第一次普查定为柳树王。树高 17.6 米，胸径达 3.02 米，其木质部已朽，但树皮完整，枝叶茂盛。

　　喜光，喜湿润，抗寒冷，深根性，适应性强，在通气良好的沙壤土、轻壤土、中壤土上生长迅速，在轻度盐碱土上也能正常生长。插条或种子繁殖。

　　木材轻软、韧性强，耐水湿，不易劈裂，供建筑、家具、农具、箱板、菜板等用。树皮可提取栲胶；早春蜜源植物。又是用材林、防护林、水土保持林和城乡四旁绿化的优良树种。

编号：0407

树名：旱柳

科属：杨柳科　柳属

树龄：600 年

树高：15 米

胸围：445 厘米

地址：太原市晋祠博物馆胜瀛楼东南

编号：0408

树名：旱柳

科属：杨柳科　柳属

树龄：600 年

树高：15 米

胸围：505 厘米

地址：太原市晋祠博物馆东门南侧

编号：0409

树名：旱柳

科属：杨柳科　柳属

树龄：500 年

树高：18 米

胸围：520 厘米

地址：太原市晋祠博物馆松水亭前

编号：0410

树名：旱柳

科属：杨柳科　柳属

树龄：800 年

树高：15 米

胸围：477 厘米

地址：太原市迎泽区文庙街办文庙

编号：0411

树名：旱柳

科属：杨柳科 柳属

树龄：800 年

树高：12 米

胸围：493 厘米

地址：太原市迎泽区文庙街办文庙

编号：0412

树名：旱柳

科属：杨柳科　柳属

树龄：1000 年

树高：10 米

胸围：200 厘米

地址：太原市迎泽区文庙街办文庙

编号：0413

树名：旱柳

科属：杨柳科　柳属

树龄：600 年

树高：13 米

胸围：430 厘米

地址：太原市迎泽区柳巷街办海子边

编号：0414

树名：旱柳

科属：杨柳科 柳属

树龄：510 年

树高：17 米

胸围：462 厘米

地址：临汾市蒲县山中乡白家庄村

该树由于多年淤积，树干已被埋 2 米多深，主干西面有高 2 米深 1 米的凹陷，有 2 米宽无皮，但长势仍十分旺盛。

编号：0415

树名：旱柳

科属：杨柳科　柳属

树龄：1200 年

树高：20 米

胸围：960 厘米

地址：晋中市榆社县西马乡新村

编号：0416
树名：旱柳
科属：杨柳科　柳属
树龄：1000 年
树高：23 米
胸围：722 厘米
地址：忻州市五台县耿镇河北村

编号：0417

树名：旱柳

科属：杨柳科　柳属

树龄：1000 年

树高：14 米

胸围：722 厘米

地址：朔州市山阴县张庄乡油坊村

这株树生长苍劲，主干歪歪扭扭向北倾斜，枝下高 2.5 米处的西面有 1.1 米宽的腐烂处。主干已被风折断，现有 4 个侧枝，生长旺盛。

垂 柳

Salix babylonica L.

科属：杨柳科　柳属

落叶乔木，高达 18 米。树皮灰黑色，纵裂。小枝细长下垂；枝无顶芽，侧芽芽鳞 1。单叶互生，叶片狭披针形或条状披针形，长 9~16 厘米，宽 5~15 毫米，边缘有细腺齿，上面绿色，下面淡绿色；叶柄长 5~12 毫米。雌雄异株，荑黄花序；雄花雄蕊 2，腺体 2，背腹各 1；雌花雌蕊柱头 2~4 裂；腺体 1，腹生。蒴果。

全省各地皆有栽培。寿阳、交城、五台、灵丘等县和忻州市有栽植较久远的大树。主要分布于长江流域和黄河流域，全国各地普遍栽培。

喜光，耐水湿，能抗水淹，根系发达，生长快，萌发力强。插条和种子繁殖。

树姿优美，为城乡绿化的优良树种。木材质轻洁白，不易劈裂，干燥不变形，供家具、农具、菜板、箱板、胶合板等用；枝条供编织；叶和茎皮含水杨糖苷，能利尿消肿，解热止痛。

编号：0418

树名：垂柳

科属：杨柳科　柳属

树龄：500 年

树高：11 米

胸围：430 厘米

地址：晋中市寿阳县马首乡马首村

编号：0419

树名：垂柳

科属：杨柳科　柳属

树龄：700 年

树高：左 9 米　　右 16 米

胸围：左 480 厘米　右 510 厘米

地址：吕梁市交城县文庙

白 桦

Betula platyphylla Suk.

科属：桦木科 桦木属

　　落叶乔木，树高达 25 米。树皮白色，厚纸质，成层剥落，有线形皮孔。单叶互生，叶三角状卵形、三角状菱形或三角形，长 3~9 厘米，宽 2~7.5 厘米，边缘有重锯齿，上面幼时疏被毛和腺点，后消失，下面密生腺点；侧脉 5-8 对。花单性，雌雄同株，葇荑花序。果序圆柱形，果苞革质，3 裂；每果苞内有 3 枚小坚果。小坚果两侧具膜质翅。

　　全省各山地多有分布，生于海拔 1500~2500 米山坡杂木林中。分布于东北、华北、西北、西南等地。

　　喜光，不耐庇阴，耐寒，能耐 –45℃低温；喜生于湿润肥沃土壤，也耐一定程度的干旱瘠薄；萌芽力强。种子繁殖或萌芽更新。

　　木材纹理直、结构细，可供农具、家具、矿柱及建筑等用。树皮可提取栲胶和桦油；桦树汁可作饮品和酿酒；木材和叶可作黄色染料。枝叶清秀，树皮洁白，亦可作庭园观赏树。

编号：0420

树名：白桦

科属：桦木科　桦木属

树龄：750 年

树高：6 米

胸围：63 厘米

地址：晋城市沁水县中村镇下场村

板 栗

Castanea mollissima Bl.

科属：壳斗科　栗属

落叶乔木，高达 20 米。树皮灰褐色，不规则深纵裂。幼枝被灰褐色绒毛。单叶，2 列状互生，叶片长椭圆形至长椭圆状披针形，长 9~18 厘米，宽 3~7 厘米，叶缘有锯齿，齿端有芒状尖，上面绿色，下面密被灰白色星状毛及绒毛或近平滑，侧脉 10~18 对；叶柄长 0.5~2 厘米。花单性同株，雄花序直立，雌花常生于雄花序下部，2~3 朵聚生于 1 总苞内。壳斗球形，密生针刺，全包坚果；坚果（1）2~3 个生于壳斗内。

产中条山区的夏县、闻喜、翼城、阳城、沁水、垣曲、平陆及太行山南部的陵川县，生于海拔 500~1600 米的阳坡或半阳坡沙质壤土上。产区内除天然林外常见栽培。夏县西沟村贾路后沟的板栗林中有一株古老板栗树，其根盘特大，由根盘上先后生出过四代植株。该种为我国特产树种，栽培历史悠久，栽培范围广泛，现辽宁以南各地，除新疆、青海以外均有栽培。

喜光，喜温凉气候，不耐严寒；对土壤要求不严，较耐干旱瘠薄，但土层深厚湿润肥沃而排水良好的沙质或砾质壤土最适宜栽培，石灰质土、黏重土上生长和结实不良。播种、嫁接繁殖，分蘖亦可。

著名的干果、木本粮食树种，种仁富含淀粉、蛋白质和脂肪等，供食用。木材材质坚硬，抗腐耐湿，供建筑、地板等用。树皮、壳斗可提取栲胶；叶可饲柞蚕。

编号：0421

树名：板栗

科属：壳斗科　栗属

树龄：900 年

树高：12 米

胸围：257 厘米

地址：运城市夏县泗交镇贾路村

麻 栎

Quercus acutissima Carr.

科属：壳斗科　栎属

　　落叶乔木，高达 30 米。树皮暗灰色，不规则深纵裂。幼枝被黄色绒毛。单叶互生，叶片卵状披针形至长椭圆状披针形，长 8~19 厘米，宽 3~6 厘米，叶缘有刺芒状锯齿，上面绿色，下面淡绿色，无毛或仅脉上、脉腋有毛，侧脉 13–18 对；叶柄长 2~3（5）厘米。花单性同株，雄花序为荑黄花序，雌花 1~3 朵集生于老枝叶腋。壳斗杯形，包被坚果 1/2，小苞片粗刺状，反曲。坚果单生于壳斗内。花期 5 月，果期翌年 9~10 月。

　　产夏县、沁水、永济、平陆等县市，生于海拔 500~1500 米的山坡或沟谷。永济县张家窑村有 2 株树干已中空、胸围均达 510 厘米的老树，枝叶仍然繁茂，罕见。北自辽宁，南至海南、东自福建，西至四川、云南均有分布。

　　喜光，喜温暖；对土壤条件要求不严，耐干旱瘠薄，不耐水湿，在深厚湿润肥沃排水良好的中性、微酸性沙壤土上生长最好；深根性，抗风、抗火、抗烟力较强；生长较快，萌芽力强。种子繁殖或萌芽更新。

　　木材材质坚重、耐磨、耐腐，供造船、车辆、体育器材等用。种子含淀粉，可酿酒或作饲料；树皮、壳斗可提取栲胶；叶可养柞蚕；小径木可培养香菇、木耳、灵芝等。

编号：0422

树名：麻栎（兄弟树）

科属：壳斗科　栎属

树龄：1000 年

树高：东 8 米　西 8 米

胸围：510 厘米

地址：运城市永济市虞乡镇张家窑村

栓皮栎

Quercus variabilis Bl.

科属：壳斗科　栎属

落叶乔木，高达 30 米。树皮灰褐色，深纵裂，木栓层极为发达。小枝无毛。单叶互生，叶片卵状披针形至椭圆状披针形，长 6~15 厘米或更长，宽 3~6 厘米，边缘有芒状尖锯齿，上面暗绿色，下面密被灰白色星状绒毛，侧脉 13~18 对；叶柄长 1.5~3（5）厘米。花单性同株，雄花序为荑蕙花序；雌花生于当年生枝叶腋。壳斗杯状，包被坚果 1/2 或更多，小苞片粗刺形，反曲。坚果单生于壳斗内。

产中条山垣曲、夏县、平陆、绛县、阳城、闻喜、沁水、翼城，太岳山古县，太行山陵川、平定和阳泉以及临汾西山等地，多生于海拔 500~1500 米向阳的山沟及山坡。栓皮栎在山西分布虽广，但古老树并不多见，阳城县蟒河、平顺县、阳泉市、平定县等地偶见有树龄千年或近千年的古树。北自辽宁，南至广东、广西，东自台湾，西至四川、云南均有分布。

喜光，喜温暖，耐干旱，对土壤要求不严，酸性、中性、石灰性土都能生长，以深厚肥沃排水良好的壤土和沙壤土最为适宜；生长较快，深根性、萌芽性强。用种子繁殖或萌芽更新。

木材坚硬致密，供建筑、车辆、船舶、家具等用。栓皮为不良导体，质地松软，有弹性，工业上有多种用途；种仁含淀粉，供酿酒、作饲料；壳斗可提取栲胶；叶饲柞蚕；小材、梢头可培养菌、菇、木耳、灵芝等，立木生长"猴头"。

编号：0423
树名：栓皮栎
科属：壳斗科　栎属
树龄：1000 年
树高：21 米
胸围：345 厘米
地址：晋城市阳城县蟒河镇蟒河村

编号：0424
树名：栓皮栎
科属：壳斗科 栎属
树龄：1000 年
树高：25 米
胸围：439 厘米
地址：晋城市阳城县桑林乡东坰村

　　山梁脊上，一字形排列着10株栓皮栎，浓阴匝地，好生气派。这10株树，好似一道绿色长城，围了山村半圈。凡到蟒河自然保护区观光、考察的人们，赞赏不绝，都想到树下看看，抱抱树体，观赏树形，情不自禁地说一声：好！

编号：0425

树名：栓皮栎

科属：壳斗科　栎属

树龄：1000 年

树高：21 米

胸围：440 厘米

地址：晋城市阳城县蟒河镇蟒河村

编号：0426

树名：栓皮栎

科属：壳斗科　栎属

树龄：600 年

树高：6 米

胸围：455 厘米

地址：晋城市阳城县东冶镇田掌村

这株栓皮栎枝叶茂密，生长旺盛。据房东说，在140多年前，他爷爷从外地移到这里，修盖房子时，在树上砍了一枝做大梁用。现在树杈处还有碗大的疤痕。

编号：0427
树名：栓皮栎
科属：壳斗科　栎属
树龄：1000 年
树高：14 米
胸围：408 厘米
地址：平顺县芳兰岩乡小胡卢村

编号：0428

树名：栓皮栎

科属：壳斗科　栎属

树龄：900 年

树高：16 米

胸围：284 厘米

地址：阳泉市平定县国有林场

槲 树

Quercus dentata Thunb.

科属：壳斗科　栎属

落叶乔木，高达 20 米。树皮暗灰色。小枝粗壮，有沟槽，密被黄色星状绒毛；冬芽密被绒毛。单叶互生，叶片倒卵形、长倒卵形，长 10~20(30) 厘米，宽 6~15（20）厘米，先端钝，基部常耳形，有时楔形，叶缘具 4~10 对波状缺刻或粗齿，上面浅绿色，初生星状毛，后渐脱落，下面密被星状绒毛，侧脉 4~10 对；叶柄长 2~5 毫米，密被棕色绒毛。花单性同株，雄花序为葇荑花序，雌花生于当年生枝上部叶腋。壳斗杯状，包被坚果 1/2~1/3，小苞片条状披针形，长约 1 厘米，红棕色，反曲。坚果单生于壳斗内。

产中条山夏县、闻喜、平陆、垣曲、沁水、阳城、绛县；太行山陵川；太岳山沁源、霍县、古县；吕梁山乡宁等及北部灵丘等县。生于海拔 700~1400 米半阳坡及半阴坡阔叶林或松栎林中。北自黑龙江东部，南至湖南，东自台湾，西至甘肃、四川、云南均有分布。

喜光，耐干旱瘠薄，对土壤要求不严；深根性，萌芽力强，寿命长；抗风、抗火、抗烟害。种子繁殖。

木材坚实，供建筑、家具等用。种仁富含淀粉，可作饲料及酿酒；壳斗、树皮可提取栲胶；叶可饲养柞蚕；枝干培养香菇。可作荒山造林树种。

编号：0429

树名：槲树

科属：壳斗科　栎属

树龄：1000 年

树高：15 米

胸围：440 厘米

地址：运城市垣曲县毛家湾镇安头村

编号：0430

树名：槲树

科属：壳斗科　栎属

树龄：1500 年

树高：4 米

胸围：622 厘米

地址：晋城市阳城县寺头乡松树村

槲 栎

Quercus aliena Bl.

科属：壳斗科 栎属

落叶乔木，高达 20 米。树皮灰褐色，纵裂。小枝近无毛，具圆形淡褐色皮孔。单叶互生，叶片倒卵形至长椭圆状倒卵形，长 10~20 厘米，宽 5~14 厘米，先端钝尖，基部宽楔形或圆形，边缘具 10~15 对波状钝齿，叶下面被灰色细绒毛，稀近无毛，侧脉 10~15 对；叶柄长 1~3 厘米。花单性同株，雄花序为葇荑花序，长 4~8 厘米；雌花 1~3 朵生于新枝叶腋。壳斗杯状，包被坚果约 1/2，直径 1.2~2 厘米，小苞片鳞片状，长约 2 毫米，排列紧密。坚果椭圆状卵形，长 1.7~2.5 厘米，单生于壳斗内。

产中条山垣曲、阳城、绛县、沁水、平陆，太行山陵川，太岳山霍县、沁源，吕梁山吉县等县，生于海拔 1100~1500 米的山坡或沟谷杂木林中。分布于华北至华南、西南的多数省份。

喜光，较耐干旱瘠薄，对气候适应性强；喜酸性至中性、湿润深厚、排水良好的土壤。萌芽力强。种子繁殖或萌芽更新。

木材坚硬耐腐，供建筑、车船、军工等用。叶可饲柞蚕；种子含淀粉，供酿酒等用；叶、树皮、壳斗含鞣质，可提取栲胶。荒山造林树种。

编号：0431

树名：槲栎

科属：壳斗科　栎属

树龄：1000 年

树高：10 米

胸围：385 厘米

地址：运城市垣曲县历山镇文堂村关帝庙

编号：0432

树名：槲栎

科属：壳斗科　栎属

树龄：1000 年

树高：10 米

胸围：421 厘米

地址：晋城市沁水县柿庄镇海红村

编号：0433
树名：槲栎
科属：壳斗科　栎属
树龄：800 年
树高：12 米
胸围：345 厘米
地址：晋城市沁水县柿庄镇峪里村

辽东栎

Quercus wutaishanica mayr (Q.liaotungensis Koidz.)

科属：壳斗科　栎属

　　落叶乔木，高达 15 米。树皮灰褐色，纵裂。小枝幼时有毛。单叶互生，多集生枝端，叶片倒卵形、长倒卵形，长 5~17 厘米，宽 2~10 厘米，先端圆钝或短渐尖，基部窄圆形或耳形，叶缘具波状疏齿，侧脉 5~7（10）对，两面无毛或幼时沿叶脉微有毛；叶柄长 2~5 毫米，无毛。花单性同株；雄花序为荑葇花序；雌花单生或 3~5 朵簇生于当年枝叶腋。壳斗碗形，包着坚果 1/3~1/2；小苞片扁平三角形。坚果单生于壳斗内。

　　产山西各大山区，北自恒山、五台山，南至中条山的多数山地均有产。辽东栎在山西省分布虽广，但保存的古大树甚少，仅在盂县、忻州忻府区上沙沟村等少数地方尚存有已遭严重破坏的个别老树。主要分布于东北及黄河流域各省。

　　喜光，耐寒，耐干旱瘠薄；萌芽力强，多次砍伐仍能萌生成林。种子繁殖。

　　木材坚硬耐腐，可供建筑、家具等用。种子含淀粉，供酿酒及浆纱用；叶、树皮、壳斗含鞣质，可提制栲胶；叶可饲养柞蚕。园林绿化树种。

编号：0434

树名：辽东栎

科属：壳斗科　栎属

树龄：600 年

树高：12 米

胸围：251 厘米

地址：晋城市沁水县中村镇下川村舜王坪

　　这株辽东栎抱着一株油松，枝下高 2.5 米，主干分生 3 个侧枝，其中：南枝被锯、东枝稍枯，萌生一些新枝，两枝长势良好。油松高 15 米，已被烧死，成为枯木。

编号：0435

树名：辽东栎

科属：壳斗科　栎属

树龄：1000 年

树高：13 米

胸围：543 厘米

地址：阳泉市盂县城关东园村

据村民讲，全村由五台县移民而来。历史上这里森林茂密，自有人居住后，不断地砍伐树木，茂密的森林所剩无几。这株辽东栎是幸存者之一。据说，这株树被锯掉的几大枝，修了两个水磨。现在看到的是萌发的新枝，树枝上有槲寄生。相传是唐代生长的天然树。

编号：0436

树名：辽东栎

科属：壳斗科　栎属

树龄：1000 年

树高：14 米

胸围：471 厘米

地址：忻州市后河堡乡上沙沟村

编号：0437
树名：辽东栎
科属：壳斗科 栎属
树龄：500 年
树高：18 米
胸围：212 厘米
地址：中条山林局历山自然保护区

编号：0438

树名：辽东栎

科属：壳斗科　栎属

树龄：550 年

树高：14 米

胸围：135 厘米

地址：晋中市和顺县青城镇柳科村

编号：0439

树名：辽东栎

科属：壳斗科　栎属

树龄：1100 年

树高：12 米

胸围：335 厘米

地址：吕梁林局下李林场洛沟口

橿子栎

Quercus baronii Skan.

科属：壳斗科　栎属

半常绿小乔木，或灌木状，高达 12 米。单叶互生，叶薄革质，卵状长椭圆形，长 3~6 厘米，宽 1~3 厘米，先端渐尖，基部圆形或宽楔形，中上部具锐锯齿，上面无毛，下面散生星状毛，有时下面中脉被灰黄色长绒毛，侧脉 6~8 对；叶柄长 3~7 毫米，被灰黄色绒毛。花单性同株，雄花序为葇荑花序，雌花序长 1~1.5 厘米，具 1 至数朵雌花。壳斗杯状，包被坚果 1/2~2/3，小苞片钻形，长 3~5 毫米，反曲。坚果单生于壳斗内。

产中条山垣曲、绛县、翼城、夏县、阳城、沁水、平陆、永济、晋城、乡宁等县。生于海拔 600~1500 米阳坡、半阳坡。阳城、泽州、垣曲等地有树龄 1000 年的橿子栎。分布于河南、陕西、甘肃、湖北、四川等省。

喜光，耐干旱瘠薄，多生于砾石土壤中；萌芽力强，寿命长。种子繁殖或萌芽更新。

木材坚实致密，耐磨，耐久用，可供家具、车辆等用。种仁含淀粉，可酿酒；树皮、壳斗含鞣质，可提取栲胶。

编号：0440
树名：橿子栎
科属：壳斗科　栎属
树龄：1030 年
树高：13 米
胸围：380 厘米
地址：运城市垣曲县英言乡河底村河西窑组

编号：0441

树名：橿子栎

科属：壳斗科　栎属

树龄：1000 年

树高：9 米

胸围：330 厘米

地址：运城市垣曲县蒲掌乡水出窑村

编号：0442

树名：橿子栎

科属：壳斗科　栎属

树龄：1000 年

树高：11 米

胸围：380 厘米

地址：运城市垣曲县历山镇历山村杨家河

编号：0443

树名：橿子栎

科属：壳斗科　栎属

树龄：1000 年

树高：11 米

胸围：500 厘米

地址：运城市垣曲县历山镇历山村杨家河组

编号：0444

树名：橿子栎

科属：壳斗科　栎属

树龄：1000 年

树高：6 米

胸围：340 厘米

地址：运城市垣曲县历山镇花石村李家河组

编号：0445

树名：橿子栎

科属：壳斗科 栎属

树龄：1000 年

树高：12 米

胸围：421 厘米

地址：晋城市阳城县东冶镇焦坪村

编号：0446

树名：橿子栎

科属：壳斗科　栎属

树龄：1000 年

树高：4 米

胸围：471 厘米

地址：晋城市阳城县白山乡洪上村

编号：0447

树名：橿子栎

科属：壳斗科　栎属

树龄：1000 年

树高：9 米

胸围：399 厘米

地址：晋城市泽州县南岭乡黄沙底村

编号：0448

树名：橿子栎

科属：壳斗科　栎属

树龄：900 年

树高：10 米

胸围：251 厘米

地址：晋城市沁水县柿庄镇海红村

榆 树

Ulmus pumila L.

白榆

科属：榆科 榆属

落叶乔木，高达 25 米。树皮暗灰色，纵裂。单叶互生，排成 2 列，叶片椭圆状卵形或椭圆状披针形，边缘单锯齿，稀重锯齿，侧脉明显。花两性，先叶开放，多数为簇生的聚伞花序，生于上一年生枝条的叶腋。翅果。

产山西各地，栽培或野生，为村庄、庭院、山坡和丘陵地带习见种，多生于海拔 2000 米以下。古老白榆树在山西省境北部和中部东山区保存较多，胸径达 1 米以上者颇多。静乐县王明滩村关帝庙前被群众称为"活神树"的白榆树为最大，胸径达 2.68 米，且有 10 余条粗根裸露地表，裸露部分高达 4 米多；五台山大显通寺及五郎庙前也有千年古榆。分布于东北、华北、西北以及长江流域各地。

喜光，耐寒，抗旱；喜肥沃湿润土壤，但对土壤要求不苟，干燥瘠薄土壤及固定沙丘也能生长，耐轻度盐碱。抗风，主根、侧根均发达；生长快，寿命长。对烟和有毒气体的抗性较强。种子繁殖，亦可分蘖、扦插。

木材坚硬，花纹美丽，可供建筑、车辆、家具、农具等用。树皮纤维可代麻用；嫩叶、果实可食；叶、果及树皮可入药；种子含油 18%，可食用或工业用。亦为四旁绿化、防风、固沙、水土保持树种。

编号：0449

树名：榆树

科属：榆科　榆属

树龄：500 年

树高：12 米

胸围：313 厘米

地址：太原市晋祠博物馆鱼沼飞梁西北

编号：0450

树名：榆树

科属：榆科　榆属

树龄：700 年

树高：17 米

胸围：350 厘米

地址：太原市阳曲县杨兴乡石槽村

编号：0451

树名：榆树

科属：榆科　榆属

树龄：900 年

树高：8 米

胸围：449 厘米

地址：晋城市沁水县固县乡史庄村

这株榆树，主枝 4 个，组成庞大的树冠，东西 28 米，南北 27 米，枝下干高 1.5 米。枝叶繁茂，雄伟健壮。

编号：0452
树名：榆树
科属：榆科　榆属
树龄：1000 年
树高：13 米
胸围：549 厘米
地址：长治市沁源县王陶乡王陶村

编号：0453
树名：榆树
科属：榆科　榆属
树龄：800 年
树高：20 米
胸围：280 厘米
地址：临汾市隰县阳头神乡千通村

编号：0454
树名：榆树
科属：榆科　榆属
树龄：1000 年
树高：9 米
胸围：276 厘米
地址：临汾市汾西县佃坪乡佃坪村

编号：0455

树名：榆树

科属：榆科　榆属

树龄：800 年

树高：14 米

胸围：406 厘米

地址：临汾市曲沃县北董乡景明村

编号：0456

树名：榆树

科属：榆科　榆属

树龄：510 年

树高：13 米

胸围：254 厘米

地址：临汾市蒲县黑龙关镇武家沟村

编号：0457

树名：榆树

科属：榆科　榆属

树龄：1000 年

树高：8 米

胸围：200 厘米

地址：阳泉市平定县柏井镇对峪村

编号：0458

树名：榆树

科属：榆科　榆属

树龄：500 年

树高：24 米

胸围：234 厘米

地址：晋中市和顺县坪松乡先生堂村

这株榆树生长在石头墙上，条件虽然恶劣，但长势很好。

编号：0459

树名：榆树

科属：榆科　榆属

树龄：900 年

树高：18 米

胸围：428 厘米

地址：阳泉市盂县藏山

　　这株榆树，原名"七星榆"，因横躺在树干上有7个枝而名。现在主干上只留下有4枝，从树的北侧看，此树形似一头卧牛，故又称"卧牛榆"。这株树生长奇特，主干由东向西横生，离地面只有几十厘米。树高13米，主干横生8.67米，直径1.21米，冠幅东西17米，南北20米。据当地民间传说，在很早以前，姑嫂二人在树旁小溪里洗衣裳，忽见水上漂下来一个桃子，眼尖手快的小姑子捞起来就吃，之后不久，肚子就大起来了，姑娘含羞跑到笔架山上，生下九条龙。后人尊她为"九龙圣母"。这株榆树，就是九龙圣母洗衣服时，挂晒衣服给压弯的。

编号：0460
树名：榆树
科属：榆科　榆属
树龄：1200年
树高：13米
胸围：399厘米
地址：吕梁市交城县横尖镇阳坡村龙王庙

脱皮榆

***Ulmus lamellosa* W.T.Wang et S.L.Chang ex L.K.Fu**

科属：榆科　榆属

　　落叶乔木，高达 25 米。树皮灰色或灰白色，裂成不规则薄片状脱落，露出淡黄绿色内皮。有时萌枝的近基部具周围膨大的木栓层；幼枝被伸展的腺状毛和柔毛，红褐色。单叶互生，叶片卵形或椭圆状倒卵形，长 4~8 厘米，宽 2~4 厘米，先端尾尖或突尖，基部楔形，微偏斜，边缘重锯齿，稀有单锯齿，两面粗糙，上面被粗糙短毛，下面脉腋有簇毛，侧脉 9~13 对；叶柄密生柔毛。花两性，花同幼枝一起自混合芽抽出，散生于新枝下部。翅果倒卵形，长 2.5~3.5 厘米，果柄被腺毛。

　　主产于中条山垣曲县马家河、皇姑幔、七十二混沟，阳城县桑林蟒河，翼城县大河，芮城县学张乡，绛县芦家坪等地，生于海拔 1000~1500 米的山谷、山坡杂木林中。该种在山西古大树较少，生于乡宁县关王庙乡东赤壁村、阳城县蟒河杨庄村及垣曲县蒲掌乡水土窑落家河的几株脱皮榆应为省内最大者。分布于河北、河南、北京房山县、辽宁等地。

　　喜光，耐干旱，抗病虫害能力强。种子繁殖。

　　木材坚硬，可作建筑、家具、车辆、农具等用材。

编号：0461
树名：脱皮榆
科属：榆科　榆属
树龄：1200 年
树高：21.6 米
胸围：427 厘米
地址：临汾市乡宁县关王庙东赤壁村

　　这两株脱皮榆树都生长在东赤壁村，北株高 21 米，胸围 730 厘米，树干有 11 条纵裂，树皮有小片脱落，树干中空，村民怕藏蚊虫和蛇，用土把洞填满，现已愈合无缝，枝繁叶茂。南株较北株高，但胸围较细。

编号：0462

树名：脱皮榆

科属：榆科　榆属

树龄：1200 年

树高：南株 21 米　　　北株 17 米

胸围：南株 730 厘米　　北株 450 厘米

地址：临汾市乡宁县关王庙镇东赤壁村

编号：0463

树名：脱皮榆

科属：榆科　榆属

树龄：800 年

树高：9 米

胸围：267 厘米

地址：运城市绛县冷口乡小虎峪

编号：0464
树名：脱皮榆
科属：榆科 榆属
树龄：1000 年
树高：22 米
胸围：520 厘米
地址：运城市垣曲县铺掌乡水出窑落家河

编号：0465

树名：脱皮榆

科属：榆科　榆属

树龄：800 年

树高：30 米

胸围：244 厘米

地址：中条山林局历山自然保护区混沟

榔　榆

Ulmus Parvifolia Jacq.

秋榆　　　　　　　　　　　　　　　　　　　　　科属：榆科　榆属

　　落叶乔木，高约 10 余米。树皮灰褐色，成不规则的薄片状剥落。小枝红褐色或灰褐色。单叶互生，叶近革质，叶片椭圆形、卵形或倒卵形，长 1.5~6.5 厘米，宽 1~2 厘米，先端渐尖，基部楔形或圆形，不对称，边缘具单锯齿，上面无毛，下面幼时具毛或在脉腋有簇生毛，侧脉 7~14 对；叶柄密被柔毛。花秋季开放，常数朵簇生于当年生枝的叶腋。翅果椭圆形或椭圆状卵形，长约 1 厘米。花期 8~9 月，果期 10 月。

　　产中条山沁水县，太岳山介休县绵山等地。分布于华北、华东、华中、华南、西南及陕西省。

　　喜光，稍耐阴，喜温暖气候和湿润肥沃土壤，在酸性、中性和石灰性土上均能生长。深根性，萌芽力强，生长速度中等。种子繁殖。

　　木材坚硬，供家具、农具、车辆等用。茎皮纤维为造纸和人造棉原料；根皮、嫩叶入药，有消肿解毒、止痛功效。亦为庭园观赏树种。

编号：0466

树名：郎榆

科属：榆科　榆属

树龄：800 年

树高：4.5 米

胸围：377 厘米

地址：晋城市阳城县蟒河镇押水村

大果榉

Zelkova sinica Schneid.

小叶榉

科属：榆科 榉属

落叶乔木，高达 20 米。树皮呈块状剥落，脱落后疤痕通常带黄色。小枝青灰色。单叶互生，叶片卵形或卵状长圆形，长 2~7 厘米，宽 1~2.5 厘米，先端渐尖，基部圆形至宽楔形，边缘具小桃尖形单锯齿，上面脉上被微毛，下面主脉上被疏柔毛，脉腋有簇生毛，侧脉 6~10 对；叶柄密生柔毛。花杂性同株。小坚果径 5~7 毫米，单生叶腋，斜三角形，几无柄。

产中条山垣曲县上古堆、七十二混沟，翼城县大河，沁水县下川，阳城县桑林、横河，夏县泗交；太行山南段的黎城县和陵川县磨河，临汾西山仙洞沟等地。生于海拔 500~1600 米山坡林内或山谷及平缓地带。分部于河北、河南、陕西、甘肃、安徽、江苏、湖北、四川等省。

喜光，喜温暖湿润气候，喜石灰性土壤，忌积水地。寿命长。种子繁殖。

木材纹理细，坚实耐用，耐水湿，花纹美丽，可供上等家具、地板、造船、车辆、桥梁等用。茎皮纤维为人造棉的原料。亦可作为庭园观赏树。

编号：0467

树名：大果榉

科属：榆科　榉属

树龄：1000 年

树高：16.5 米

胸围：240 厘米

地址：运城市绛县冷口乡虎峪村

这株大果榉主干不足 1 米，在很短的主干上分出 4 大枝，胸围分别为 114 厘米，118 厘米，128 厘米，73 厘米，枝下高 18 米，树体修长、高大，很是壮观。

编号：0468
树名：大果榉
科属：榆科　榉属
树龄：1000 年
树高：28 米
胸围：376 厘米
地址：中条山林局历山自然保护区混沟

小叶朴

Celtis bungeana Bl

黑弹树　　　　　　　　　　　　　　　　　科属：榆科　朴属

　　落叶乔木，高 20 米。树皮暗灰色，平滑不裂。单叶互生，叶片斜卵形至椭圆形，长 3~8 厘米，宽 2~4 厘米，先端常尾尖，基部不对称，中上部边缘有锯齿，有时近全缘，两面无毛或幼时背面脉腋有毛，基部三出脉；叶柄长 5~10 毫米。花杂性同株。核果单生叶腋，近球形，径 4~7 毫米，熟时紫黑色，果柄较长。

　　产中条山、吕梁山、太岳山、太行山、黑茶山及中北部太原、阳泉、寿阳、五台、灵丘、保德、代县等县市。小叶朴在全省分布较广，但因其生长慢，大树少见，寿阳、黎城、垣典等县偶见有树龄较大的古树。分布于华北、西北、华东、华中和西南。

　　喜光，适应性强，喜温暖湿润气候；对土壤要求不严，喜湿润深厚的中性土及微酸性土壤，石灰岩山地亦常见。生长慢，萌芽力强。种子繁殖。

　　木材坚硬，可供家具、农具等用。根皮入药，可防治老年慢性支气管炎；茎皮纤维可作造纸及人造棉原料。也可作庭园观赏树或作绿篱。

编号：0469
树名：小叶朴
科属：榆科 朴属
树龄：1000 年
树高：15 米
胸围：390 厘米
地址：运城市垣曲县蒲掌乡水出窑村

这株小叶朴，树冠东西 15 米，南北 18 米，树干有一破口，宽 0.4 米，高 2.15 米。现枝繁叶茂，生长健壮。

编号：0470

树名：小叶朴

科属：榆科　朴属

树龄：500 年

树高：15 米

胸围：323 厘米

地址：长治市黎城县西井乡王家窑村

编号：0471
树名：小叶朴
科属：榆科　朴属
树龄：800 年
树高：18 米
胸围：320 厘米
地址：晋中市寿阳县宗艾镇宗艾村

青 檀

Pteroceltis tatarinowii Maxim.

科属：榆科　青檀属

落叶乔木，高达 20 米。树干凸凹不圆，树皮暗灰色，薄长片状剥落，露出灰绿色或黄色内皮。单叶互生，叶质薄，叶片卵形或椭圆状卵形，长 3~9 厘米，宽 2~4 厘米，先端渐尖或长尖，基部宽楔形或圆形，稍偏斜，边缘基部以上有单锯齿，基部三出脉；叶柄长 6~15 毫米。花单性同株。坚果单生叶腋，周围具木质薄翅，顶端凹缺，果柄长 1~3 厘米。

我国特产。国家三级重点保护树种。产中条山垣曲县马家河、七十二混沟、阳城县桑林、台头林场以及泽州县衙道，陵川县磨河，灵丘县牛帮口、花塔等地。多生于石灰岩山地及河流溪谷两岸，海拔1000 米以下。因其多生于极为干旱瘠薄的石灰岩山地，大树少见，中条山垣曲县梁王角有稍大的老树。分布于河北、陕西及华北、西北以南的多数省份。

中等喜光，耐干旱瘠薄，为特别喜钙树种，是石灰岩山地的指示植物，中性土和微酸性土亦能生长。根系发达，萌芽性强，寿命长。种子繁殖。

木材坚韧，纹理直，结构细，耐磨损，供家具、建筑、工具、车轴、绘图板等细木工用；茎皮纤维优良，为造宣纸原料。为石灰岩山地造林树种。

这株青檀生长在历山梁王脚下，后河水库边，根部外露，粗壮有力地抱着一块直径约3米的大石头，历经千年生长，树干分枝较多，被当地群众称为"树枝石"。

青檀为落叶乔木，喜光、耐干旱、耐瘠薄，木质坚实，茎皮纤维可造"国画"用纸。青檀树皮有不断剥落的属性，清代梁韩镇在河北井陉县苍岩山为金蟾檀题《碧涧灵檀》诗。

诗曰：

　　选胜重来手自扪，杈搓拔地抱云根，

　　何年剥落凡皮相，修得梅仙石上魂？

吴郡山和曰：

　　疑经客手往来扪，脱尽凡皮未脱根，

　　抱有仙家仙骨在，长生石上种真魂。

编号：0472

树名：青檀

科属：榆科　青檀属

树龄：1000 年

树高：20 米

胸围：94 厘米

地址：中条山林局历山国家级自然保护区

桑 树

Morus alba L.

科属：桑科　桑属

　　落叶乔木，高达 15 米。树皮黄褐色。小枝灰黄色。单叶互生，叶片卵形或宽卵形，长 5~15 厘米，宽 4~12 厘米，边缘具粗钝锯齿，不裂或呈不规则分裂，上面鲜绿色，有光泽，下面脉上有疏毛或近无毛，脉腋有簇毛，基部 3~5 出脉；叶柄长 1.5~3.5 厘米。雌雄异株，菜荑花序；雌花花被片 4，结果时变为肉质。聚花果（椹果）淡红或黑紫色。

　　山西各地有栽培，夏县、运城、沁水、阳城、陵川等县市栽培尤多，多栽植于海拔 1500 米以下。临漪、石楼、灵石、翼城、平定、沁水、山阴等县保存有百年以上的古老桑树。原产我国中部，栽培历史悠久，栽培广泛，北自哈尔滨以南、内蒙古南部，南达广东、广西，西南至四川、云南，西至新疆南部均有栽培。

　　喜光，深根性，适应性强，耐干旱瘠薄，耐寒，不耐涝，喜生于温暖湿润环境，在微酸性土、中性土、钙质土及轻盐碱土上均能生长；生长快，萌芽性强。播种、扦插、压条、分株或嫁接繁殖。

　　叶饲养蚕；木材坚硬，纹理美观，供家具、车辆、乐器、雕刻等用；茎皮纤维造纸；叶、根皮、枝、桑葚入药；桑葚亦可食用或酿酒。

编号：0473

树名：桑树

科属：桑科　桑属

树龄：1000 年

树高：18 米

胸围：310 厘米

地址：运城市垣曲县长直乡原峪村

编号：0474
树名：桑树
科属：桑科　桑属
树龄：550 年
树高：15 米
胸围：370 厘米
地址：临汾市翼城县南梁镇北坡村

编号：0475

树名：桑树

科属：桑科　桑属

树龄：1200 年

树高：9 米

胸围：248 厘米

地址：晋城市沁水县中村镇向阳村

编号：0476
树名：桑树
科属：桑科　桑属
树龄：1000 年
树高：9 米
胸围：390 厘米
地址：吕梁市柳林县陈家湾乡强家垣村

柘 树

Cudrania tricuspidata(Carr.)Bureau ex Lavall.

科属：桑科 柘属

　　落叶灌木或小乔木。树皮灰褐色，薄片状剥落。常有枝刺。单叶互生，叶形多变化，卵形、椭圆形或倒卵形，长 3~14 厘米，宽 3~9 厘米，先端圆钝或渐尖，基部楔形或圆形，全缘或 2~3 浅裂，上面深绿色，下面浅绿色，幼时两面被疏毛，老时仅下面主脉有毛，侧脉 3~5 对；叶柄长 8~15 毫米。花单性异株，雌雄花均为头状花序，单一或成对腋生。聚花果近球形，直径约 2.5 厘米，肉质，橘红色或橙黄色。

　　产中条山垣曲、夏县、闻喜、翼城、阳城，生于海拔 1000 米以下向阳山坡、路边或灌丛中，偶有栽培。分布于华东、中南、西南及辽宁、河北、陕西等省。

　　耐干瘠，喜生于石灰岩山地，生长缓慢。用种子、插条或分株繁殖。

　　材质坚韧，可供器具及细木工用；树皮可造纸；叶可饲蚕；果可食；根皮入药。

柘树为山西省稀有树种，树龄仅 200 年，应重点保护。

编号：0477

树名：柘树

科属：桑科　柘属

树龄：200 年

树高：3.5 米

胸围：314 厘米

地址：运城市夏县庙前镇史家堡村土地庙院内

连香树

Cercidiphyllum japonicum Sieb. et Zucc.

科属：连香树科　连香树属

落叶乔木，高达40米。树皮暗灰色或褐灰色，纵向薄片状剥落。小枝有长枝和短枝两种；无顶芽，侧芽芽鳞2。单叶对生，生于短枝上的叶近圆形、宽卵形或心形，生于长枝上的叶椭圆形或三角形，长5~8厘米，宽4~8厘米，先端圆钝或急尖，基部心形或截形，边缘具圆钝锯齿，上面深绿色，下面灰绿带白色，掌状脉3~7条；叶柄长1~3厘米。花单性异株。蓇葖果。

东亚古老孑遗植物，国家二级保护树种。产中条山垣曲县小石铺、马家河南路沟、同善镇后河村、七十二混沟，沁水下川，翼城县大河林场兜垛、沙岭、松树沟、南神峪。生于海拔1400~1850米的山谷、沟坡，多见于山间流溪之旁。连香树古大树仅见于上述分布区内。分布于河南、陕西、甘肃、安徽、浙江、江西、湖北和四川。

稍耐阴，喜湿；中性土、酸性土均能生长，在土层深厚湿润处生长快；萌芽性强。播种、压条或扦插繁殖。

木材结构细，纹理直，坚硬，供建筑、家具、绘图板、细木工等用。树皮和叶含鞣质，可提取栲胶。树形优美，新叶带紫红色，秋叶黄至红色，为珍贵的园林绿化树种。

编号：0478

树名：连香树

科属：连香树科　连香树属

树龄：1000 年

树高：9.5 米

胸围：534 厘米

地址：临汾市翼城县大河乡南神峪后沟

翼城县大河乡南神峪后沟长着 3 株连香树，这是其中北边最大的一株，生长茂盛，老干苍劲，枝叶葱绿。

编号：0479

树名：连香树

科属：连香树科 连香树属

树龄：1000 年

树高：30 米

胸围：408 厘米

地址：中条山林局历山自然保护区混沟

编号：0480

树名：连香树

科属：连香树科　连香树属

树龄：1000 年

树高：22 米

胸围：502 厘米

地址：中条山林局历山自然保护区混沟

五味子

Schisandra chinensis (Turcz.) Baill.

北五味子　　　　　　　　　　　　　　　　科属：木兰科　五味子属

　　落叶木质藤本；全株近无毛。树皮褐色。小枝灰褐色，稍有棱。单叶互生，叶片倒卵形、宽卵形或椭圆形，长 5~10 厘米，宽 2~5 厘米，先端急尖或渐尖，基部楔形，边缘疏生有腺的细齿，上面有光泽，亮绿色，无毛，下面淡绿色，嫩时脉上有短柔毛，羽状脉，侧脉 3~7 对；叶柄长 1~4.5 厘米，常带红色。花单性，雌雄异株，单生或簇生于叶腋，花梗细长而柔弱；花被片 6~9，乳白色或带粉红色，芳香；雄花有雄蕊 5；雌花的雌蕊群椭圆形，离生心皮约 17~40，覆瓦状排列在花托上，花后花托逐渐伸长。果熟时成穗状聚合果，下垂，小浆果，肉质，球形，直径约 5 毫米，深红色。花期 5~6 月，果期 8~9 月。

　　产中条山垣曲县七十二混沟、马家河，夏县泗交，闻喜县石门，沁水县下川；吕梁山的骨脊山，太岳山古县大南坪，五台县门限石、三岔、砂沟等地。生于海拔 500-1700 米山地灌丛、沟谷溪边、山地针阔混交林中。中条山七十二混沟有株较大的五味子，其地径达 0.73 米，蔓长 40 余米。分布于东北、华北、西北、华中、西南等地。

　　较耐寒；喜阴蔽和潮湿环境，喜肥沃、湿润、排水良好的土壤。播种、压条或扦插繁殖。

　　果实药用，有敛肺止咳、滋补功效，常用药；茎、叶和果可提取芳香油；种子油可作润滑油。

这株五味子地围229厘米，出地后分为2个枝条，主蔓攀附在五角枫树上，侧蔓分别缠绕在五六株的树冠上。

编号：0481

树名：五味子

科属：木兰科　五味子属

树龄：500 年

树高：蔓长 40 米

地围：229 厘米

地址：中条山林局历山自然保护区混沟

水榆花楸

Sorbus alnifolia(Sieb. et Zucc.)K.Koch

科属：蔷薇科 花楸属

落叶乔木，高达20米。树皮暗灰褐色，平滑不裂；小枝褐色，无毛。冬芽卵形，紫褐色，无毛。单叶，互生，叶片卵形至椭圆状卵形，长5~10厘米，宽3~6厘米，先端短渐尖，基部宽楔形至圆形，边缘具不整齐的尖锐重锯齿，有时微浅裂，两面无毛或背面沿脉微具短毛，羽状脉，侧脉6~12对，直达齿尖；叶柄长1.5~3厘米，无毛；托叶细长，边缘有齿，早落。花两性，白色，复伞房花序，总花梗及花梗疏被白色柔毛。梨果红色或黄色，2室，萼片脱落后果实先端残留环状斑痕。

产中条山沁水县下川、张马，垣曲县同善、七十二混沟，翼城县大河；太岳山、吕梁山、恒山等地。生于海拔500~1800米潮湿的山坡、山沟或山顶混交林或灌木丛中。分布于东北至华中各地，西北至甘肃。

中性偏喜光树种，耐阴、耐寒，喜湿润且排水良好的土壤。种子繁殖。

木材坚硬，可供建筑、车辆、家具等用；果可食用或酿酒。秋叶猩红色，为优良庭园绿化树种。

编号：0482

树名：水榆花楸

科属：蔷薇科　花楸属

树龄：1200 年

树高：12 米

胸围：450 厘米

地址：吕梁市石楼县道堡垣村

花楸树

Sorbus pohuashanensis (Hance) Hedl.

科属：蔷薇科　花楸属

　　落叶乔木，高达 8 米。树皮灰褐色，具横生皮孔；小枝幼时被白色绒毛。冬芽大，外面密被灰白色绒毛。奇数羽状复叶，互生，小叶 11~15，卵状披针形至长披针形，长 2.5~7 厘米，宽 1~1.8 厘米，小叶上半部有细尖锯齿，上面无毛，下面苍白色，有稀疏或沿中脉有密集的柔毛；叶轴被白色绒毛，后脱落；托叶宿存，近半圆形。花两性，白色，复伞房花序具多数密集花朵，总梗及花梗密被白色绒毛，后渐脱落。梨果红色或橘红色。

　　产太岳山、关帝山、管涔山、五台山、恒山及岚县、阳高县、灵丘县等地。生于海拔900~2000 米潮湿的溪谷、阔叶杂木林和针阔混交林中。分布于东北及内蒙古、河北、山东、甘肃等地。

　　较耐阴，耐寒；对土壤肥力要求不严，喜湿润酸性或微酸性土壤。种子繁殖。

　　果可制果酱、果汁和酿酒；又可药用，治咳嗽、胃炎、胃痛等症；木材供制家具、板料等用。花叶美丽，秋日红果累累，为优良的庭园观赏树。

编号：0483

树名：花楸树

科属：蔷薇科　花楸属

树龄：1300 年

树高：14 米

胸围：296 厘米

地址：晋中市榆次区北头村

木 瓜

Chaenomeles sinensis (Thouin)Koehne

科属：蔷薇科　木瓜属

　　落叶小乔木，高5~10米。树皮灰色，老皮呈片状脱落。单叶互生，叶片椭圆状卵形或椭圆状矩圆形，稀倒卵形，长5~8厘米，宽3.5~5.5厘米，边缘具刺芒状尖锐锯齿，齿尖有腺，下面有绒毛，后渐脱落；叶柄有绒毛，并具腺体。花两性，单生叶腋，粉红色。梨果长椭圆形，长10~15厘米，暗黄色，木质，芳香。

　　产古县、晋城等地，多栽植于庙宇庭院中，或半野生于村落周围及路旁。晋城市郊府城村玉皇庙内栽植的木瓜树有一株胸径0.55米以上，应为老树。分布于华中、华东及华南。

　　喜光，喜温暖湿润气候，不耐寒。喜肥沃深厚排水良好轻壤土或粘壤土，不宜低洼地及盐碱地。播种或嫁接繁殖。

　　果实蒸煮或糖渍后供食用；果药用，能镇咳、清暑利尿、治关节酸痛和肺病等症；种子含油率30%，油可食用和制肥皂；树皮可提取栲胶。木材坚硬致密，可制家具及工艺品。春花红艳，秋果芳香，为优美观赏树。

编号：0484

树名：木瓜

科属：蔷薇科　木瓜属

树龄：600 年

树高：西 8 米　　　东 7 米

胸围：西 144 厘米　东 17 厘米

地址：晋城市泽州县金村镇府城村玉皇庙

编号：0485
树名：木瓜
科属：蔷薇科　木瓜属
树龄：800 年
树高：7.5 米
胸围：126 厘米
地址：晋城市阳城县台头镇祁沟

编号：0486

树名：木瓜

科属：蔷薇科　木瓜属

树龄：300 年

树高：8 米

胸围：141 厘米

地址：晋城市高平市来山镇来西村定林寺

杜 梨

Pyrus betulaefolia **Bge.**

科属：蔷薇科　梨属

落叶乔木，高达 10 米。常具枝刺；1 年生枝和芽密被灰白色绒毛。单叶互生，叶片菱状卵形或长圆状卵形，长 4~8 厘米，宽 2.5~3.5 厘米，先端渐尖，基部宽楔形，稀近圆形，边缘有粗锐锯齿，幼叶两面密被灰白色绒毛；叶柄被白色绒毛。花两性，伞形总状花序，总花梗和花梗均被灰白色绒毛；萼筒外面密被灰白色绒毛，萼片内外密被绒毛；花瓣白色。梨果褐色，果梗被绒毛。

产中条山、太岳山、吕梁山及晋西白龙山、紫金山、晋东南陵川等地。生于海拔 100~2000 米向阳山坡及谷地。汾西、蒲县、吉县等临汾市西山地区大树较多。太原古交东塔村有一株杜梨胸径达 1 米，少见。分布于东北南部、华北、黄河流域至长江流域。

喜光，抗寒，耐干旱瘠薄，亦能耐低湿和轻度盐碱，适应性强；深根性，根系发达，萌蘖力强，生长较慢，寿命长。种子繁殖，压条、分蘖均可。

用作梨树砧木，但不适用于洋梨系统；亦可作防护林及沙荒造林树种，并常栽植供观赏。木材红褐色，坚硬致密，供制高级器具及雕刻等细木工用。树皮含鞣质，可提制栲胶；果可酿酒。

编号：0487

树名：杜梨

科属：蔷薇科　梨属

树龄：1300 年

树高：7 米

胸围：471 厘米

地址：晋城市阳城县芹池乡南上村

编号：0488

树名：杜梨

科属：蔷薇科　梨属

树龄：500 年

树高：15 米

胸围：264 厘米

地址：临汾市蒲县古县乡辉子角村

褐 梨

Pyrus phaeocarpa Rehd.

科属：蔷薇科　梨属

落叶乔木，高 5~8 米。小枝幼时具灰白色绒毛。单叶互生，叶片椭圆状卵形至长卵形，长 6~10 厘米，宽 3.5~5 厘米，先端长渐尖，基部宽楔形，稀近圆形，边缘有尖锐锯齿，幼时疏被白绒毛，不久脱落。花两性，伞形总状花序，总花梗和花梗幼时有绒毛；萼筒外面被白色绒毛，萼片内面密生绒毛；花瓣白色。梨果褐色。

产中条山沁水、翼城、绛县、垣曲、夏县，中阳县木狐台，临县紫金山，介休县绵山，五台县高洪口，黎城县东阳关等地。生于海拔 1400 米以下山坡、山顶、黄土丘陵、杂木林内。中条山区沁水县下川乡后渠村、翼城大河等地有胸径在 0.80 米以上的老树。分布于陕西、甘肃、河北、山东。

喜光，稍抗寒，耐湿，耐盐碱，在深厚肥沃的沙壤土上生长势旺盛；寿命长。种子繁殖，亦可分蘖繁殖。

用作梨树砧木。亦常栽培供观赏。

编号：0489
树名：褐梨
科属：蔷薇科 梨属
树龄：800 年
树高：8 米
胸围：421 厘米
地址：晋城市沁水县下川乡后渠村

山荆子

Malus baccata(L.)Borkh.

山丁子

科属：蔷薇科 苹果属

落叶乔木，高达 10 余米。树皮灰褐色至紫褐色，浅裂。小枝细弱，无毛，红褐色，冬芽鳞片边缘微被毛。单叶互生，叶片椭圆形至卵圆形，长 3~8 厘米，宽 2~4 厘米，先端渐尖，稀尾状渐尖，基部楔形或圆形，边缘具细锐锯齿，两面无毛或幼时微被柔毛，羽状脉；叶柄细，长 2~5 厘米。花两性，花序伞形，有花 4~6 朵，无总梗，集生于短枝顶端，花梗细长，长 1.5~4 厘米，无毛；花径 3~3.5 厘米；萼筒外面无毛，萼片 5，披针形，外面无毛，内面被疏毛；花瓣 5，白色；雄蕊 15~20；花柱 5 或 4。梨果近球形，直径 8~10 毫米，红色或黄色，梗洼及萼洼微陷入，萼片脱落；果梗细，长 3~6 厘米。

产山西各山地，分布极为广泛。生于海拔 2300 米以下落叶阔叶林或针阔混交林中。分布于东北、华北、西北。

喜光，耐寒性强，耐干旱，耐瘠薄土壤，不耐盐碱，不耐涝；深根性，生长快，寿命较长。多用种子繁殖。

果实可酿酒；嫩叶可代茶；叶及树皮可提制栲胶；木材可供农具、家具等用。常栽培作园林绿化树种或作为嫁接苹果等的砧木，也可作荒山造林和蜜源树种。

编号：0490

树名：山荆子

科属：蔷薇科　苹果属

树龄：200 年

树高：5 米

胸围：75 厘米

地址：晋城市沁水县中村镇下场村

杏

Armeniaca vulgaris Lam.

科属：蔷薇科　杏属

　　落叶乔木，高可达 10 米。树皮黑褐色。小枝褐色或红紫色。单叶互生，叶片卵形或椭圆状卵形，有锯齿；叶柄近顶端处常有 2 腺体。花两性，单生，稀两朵并生，花梗极短或无梗，萼片花后反折；花瓣白色或稍带红色。核果。

　　原产中国。山西各地广泛栽培，栽培历史悠久，栽培品种很多，是常见的果树之一。永和县署益乡大风圪堆一株杏树地径达 2.83 米，高达 9 米多，应为树龄较大古树。分布于秦岭、淮河以北至北纬 44° 以南，以黄河流域为分布中心。各地都普遍栽培。

　　喜光，耐寒、耐旱，能耐高温；对土壤适应性强，以肥沃而排水良好的沙壤土最为适宜。深根性，根系强大，穿透力强；寿命较长，可达二三百年以上。播种、嫁接或根蘖繁殖。

　　果生食或加工成杏干、杏酱、杏脯等；杏仁含油率约 50%，可榨油；杏仁也供食用或药用，有润肺止咳、平喘、润肠通便之效；木材坚硬，花纹美丽，可供农具、家具、器具、雕刻等用。花繁茂美观，早春开花，有"北梅"之称，可作四旁绿化树种；也是固沙、防护及荒山造林的优良树种。

编号：0491
树名：杏树
科属：蔷薇科　杏属
树龄：300 年
树高：8 米
胸围：190 厘米
地址：临汾市蒲县城关镇桃湾村

编号：0492

树名：杏树

科属：蔷薇科　杏属

树龄：750 年

树高：14 米

胸围：361 厘米

地址：晋城市沁水县固县乡史庄村

皂 荚

Gleditsia sinensis Lam.

科属：豆科　皂荚属

　　落叶乔木，高可达 30 米。树皮灰色至深灰色。小枝淡绿带褐色。小枝及树干上均有枝刺，枝刺粗壮，圆柱形，红褐色，常分枝。偶数羽状复叶，互生，常簇生，小叶长卵形至长卵状披针形，边缘有细钝锯齿，叶下面网脉明显。总状花序细长；花杂性；花淡黄色。荚果条形，直伸，长 12~30 厘米，黑棕色。种子多数。

　　中条山区垣曲、阳城、芮城、夏县、永济等县栽培或野生，生于海拔 500~1100 米山坡、溪边、沟谷等处，农村"四旁"习见。山西中部以南各地均有栽培。古老大树多为村庄人工栽培，胸径在 0.80 米以上者颇多，平陆县留史乡石穴村及万荣县裴庄的皂荚树为省内最大者。分布于东北、华北、华东、华南及西南。

　　喜光，深根性，耐旱性强，喜生于土层深厚肥沃处，对土质要求不严，轻盐碱地上也能正常生长。寿命长。用种子繁殖。

　　木材坚硬，耐腐耐磨，可制作车辆、家具等。荚果煎汁可代肥皂；枝刺入药，有消肿排脓作用；荚瓣、种子药用，能祛痰通窍；种子可榨油。可作庭院绿化树种。

编号：0493

树名：皂荚

科属：豆科　皂荚属

树龄：1000 年

树高：16 米

胸围：530 厘米

地址：运城市垣曲县长直乡前青村后湾组

此皂荚树生长茂盛，冠幅巨大、巍然屹立，十分壮观。树干一半，为雷击而劈，剩余的一半生长仍十分壮观。

编号：0494

树名：皂荚

科属：豆科　皂荚属

树龄：1000 年

树高：14.5 米

胸围：628 厘米

地址：运城市永济市虞乡镇三窑村樊公洞

这株皂荚，主干上分出六大枝，形成伞状树冠，东西26.5米，南北25米，投影面积520.5米。此树生长健壮，枝繁叶茂，每年仍开花结果。

编号：0495

树名：皂荚

科属：豆科　皂荚属

树龄：1000 年

树高：19 米

胸围：389 厘米

地址：运城市永济市虞乡镇三窑村樊公洞

编号：0496
树名：皂荚
科属：豆科　皂荚属
树龄：1000 年
树高：8 米
胸围：515 厘米
地址：运城市垣曲县南联乡前村

这株皂荚树，为元代所植，树干中空，木质腐朽，树高1.5米处，分生5个一级枝，现留多个完好枝，两个有损枝。根盘直径南北6.5米，东西4.5米，根内长出一株柏树，非常罕见。

编号：0497

树名：皂荚

科属：豆科　皂荚属

树龄：800 年

树高：13 米

胸围：584 厘米

地址：运城市永平陆县留史乡石穴村

编号：0498
树名：皂荚
科属：豆科　皂荚属
树龄：700 年
树高：18 米
胸围：471 厘米
地址：运城市垣曲县皋落乡西河村

　　这株皂荚树，树冠东西 15 米，南北 13 米，树体本身腐朽，成为空洞，在洞内生长出几株小树。所有树枝均为新萌生枝，古老苍劲，健壮挺拔。据考察该树为元代年间所植。

此树苍老、雄壮，原主干多已枯死，近基部又生成新主干，生长茂盛、健壮，一枝分成两枝，两枝又分成四枝。

北面的萌生枝，生长较好，已成为弓形，枝头又分三枝。

编号：0499

树名：皂荚

科属：豆科　皂荚属

树龄：1000 年

树高：4 米

胸围：417 厘米

地址：运城市芮城县杜庄乡韩王村东口观音庙

编号：0500
树名：皂荚
科属：豆科　皂荚属
树龄：1000 年
树高：18 米
胸围：459 厘米
地址：运城市垣曲县新城镇古堆村下古堆组

编号：0501
树名：皂荚
科属：豆科　皂荚属
树龄：900 年
树高：12 米
胸围：377 厘米
地址：晋城市阳城县演礼乡胡坡村

编号：0502

树名：皂荚

科属：豆科　皂荚属

树龄：1000 年

树高：4 米

胸围：377 厘米

地址：晋城市阳城县芹池乡游仙村

编号：0503

树名：皂荚

科属：豆科　皂荚属

树龄：1000 年

树高：19 米

胸围：510 厘米

地址：运城市垣曲县皋落乡西河村椿树圪塔组

编号：0504

树名：皂荚

科属：豆科　皂荚属

树龄：1000 年

树高：20 米

胸围：230 厘米

地址：临汾市襄汾县赵康镇史威村普净寺内

编号：0505

树名：皂荚

科属：豆科　皂荚属

树龄：800 年

树高：12 米

胸围：300 厘米

地址：晋中市榆次区郭家堡乡安宁村

龙爪槐

Sophora japonica L.var. pendula Loud.

科属：豆科　槐属

　　龙爪槐为槐树变种。树形呈伞形，大枝扭转斜向上伸展，小枝条皆拱曲下垂。奇数羽状复叶，互生。花两性，圆锥花序顶生，花冠蝶形，黄白色。荚果念珠状。其他特征与槐树相同。

　　山西各地常栽培。介休县廻銮寺"蘑菇龙槐"传说为唐代僧人嫁接。一般以槐树作砧木，用枝接法繁殖。

　　龙爪槐树形美观，常栽植于庭院作观赏树。

编号：0506

树名：龙爪槐

科属：豆科　槐属

树龄：1000 年

树高：5 米

胸围：141 厘米

地址：运城市盐湖区北相镇南任留村

编号：0507

树名：龙爪槐

科属：豆科　槐属

树龄：900 年

树高：8 米

胸围：330 厘米

地址：运城市新绛县支北庄乡村东

这株龙爪槐，树身完整无损，枝繁叶茂，长势喜人。夏季人们在树下乘凉，聊天，十分惬意。冠幅东西8.5米，南北9米，冠幅之大实属罕见。应围栏保护，加强保护。

编号：0508
树名：龙爪槐
科属：豆科　槐属
树龄：500年
树高：10米
胸围：251厘米
地址：临汾市浮山县张庄乡西韩村

编号：0509

树名：龙爪槐

科属：豆科　槐属

树龄：500 年

树高：4 米

胸围：280 厘米

地址：临汾市翼城县隆化镇北卫村

编号：0510
树名：龙爪槐
科属：豆科 槐属
树龄：1000 年
树高：4 米
胸围：420 厘米
地址：晋中市介休市秦村乡兴地村

编号：0511
树名：龙爪槐
科属：豆科　槐属
树龄：1000 年
树高：8 米
胸围：147 厘米
地址：晋中市介休市绵山镇
　　　兴地村迴峦寺

编号：0512

树名：龙爪槐

科属：豆科 槐属

树龄：700 年

树高：8 米

胸围：240 厘米

地址：晋中市介休市绵山镇焦家堡村

五色槐

Sophora japonica var. *violacea* Carr.

科属：豆科　槐属

　　五色槐，为豆科槐属，是一个具有悠久栽培历史的国槐变异新品种。

　　五色槐每年 7~9 月开花，花繁似锦，五彩缤纷，槐香四溢，沁人心脾。其花初花时为绿白色，开放时旗瓣为白色，中部为黄色，翼瓣和龙骨瓣为玫瑰红色，微带紫红色，故名"五色槐"。它树高冠大，树姿雄伟，花色艳丽，叶片肥大呈长椭圆形，叶子的大小和厚度是普通槐的 3~5 倍，生长迅速，无病虫害。可作为园林、路旁绿化和生态工程建设树种。花可药用，价昂贵，同时可做无公害多彩染料，具有开发前景。

这株奇特的槐树，花有五色，在山西省为数不多。在主干上分生3个侧枝，树冠为圆形。五色槐的名称由来，源自该树初开花时为绿白色，开放时旗瓣白色，中部黄色，翼瓣和龙骨瓣显玫瑰红色，略带紫红色。每年五、六月间槐花盛开时，满树皆着红、黄、白、绿、紫5种颜色的花朵，五彩缤纷，鲜艳夺目。由于这株槐树的奇特，备受社会关注和游人称赞。

　　诗赞：奇槐仪表端，枝展树冠圆。

　　　　　夏暑三伏日，花开五色妍。

　　　　　叶繁天赐绿，根壮地生兰。

　　　　　青影千秋艳，迎来万众观。

编号：0513

树名：五色槐

科属：豆科　槐属

树龄：500 年

树高：14 米

胸围：226 厘米

地址：运城市新绛县阳王镇苏阳村

窄叶槐

Sophora angustifoliola Q.Q.Liu et H.Y.Ye

科属：豆科　槐属

　　落叶乔木。树冠球形；树皮纵裂。小枝暗绿色；冬芽小，隐蔽。奇数羽状复叶，互生，小叶 7~11，披针形或窄卵状披针形，长 3~6 厘米，宽 5~10（14）毫米，先端渐尖，基部楔形或窄楔形，侧脉 8~10 对，上下两面隆起，边缘浅波状，上面绿色，下面淡灰绿色，密被细柔毛。总状花序集生枝顶，或组成圆锥状复花序；花多数蝶形，长 1~1.2 厘米；萼 5 裂；花冠黄白色或白色；雄蕊 10，花丝分离；子房上位，胚珠 3~5。荚果。

　　仅在万荣县荣河镇谢村有一株大树，别处未见。近年有人对该树种进行繁殖试验。

编号：0514

树名：窄叶槐

科属：豆科　槐属

树龄：300 年

树高：10 米

胸围：310 厘米

地址：运城市万荣县荣河镇谢村

紫 藤

Wisteria sinensis (Sims.)Sweet

科属：豆科　紫藤属

　　落叶大藤本，茎长达15米。树皮灰褐色至暗灰色。奇数羽状复叶，互生，小叶7~13，卵状长圆形至卵状披针形，全缘，幼时两面密生白色柔毛，老叶近无毛。花两性，总状花序下垂，长15~30厘米；花冠蝶形，紫色或深紫色；二体雄蕊。荚果，条形，略扁，长15~20厘米，密生灰褐色短柔毛。种子棕黑色。

　　原产中国。山西各地多有栽培，栽培历史悠久。太原文庙及纯阳宫"藤缠柏"即为缠于侧柏树上的紫藤古树。华北、华东、华中、西北、西南广为栽培。

　　喜光，略耐阴；较耐寒；喜深厚肥沃而排水良好的土壤，但有一定的耐干旱瘠薄和水湿的能力。主根深，侧根少，不耐移植；生长快，寿命长。对城市环境的适应性较强。用播种、分株、压条、扦插、嫁接繁殖。

　　优良的棚架、门廊、枯树和山面绿化材料。嫩叶及花可食用；茎皮和花可入药，有解毒、驱虫、止吐泻之效；花可提取芳香油。

编号：0515

树名：紫藤

科属：豆科　紫藤属

树龄：100 年

树高：4 米

胸围：166 厘米

地址：晋城市阳城县凤城镇西关村

编号：0516

树名：紫藤

科属：豆科　紫藤属

树龄：100 年

树高：3.8 米

胸围：157 厘米

地址：晋城市阳城县凤城镇西关村

将军藤

元至正二十七年【一三六七】明朝大将军徐达占领榆次 围攻太原 其将军帐外生出此藤 百年之后虬枝如龙 叶覆如帐 后人称之为「将军藤」

GENERAL VINE

IN 1367, THE GENERAL XUDA OF MING DYNASTY TOOK OVER YUCI CITY, AND WAS ATTACKING TAIYUAN CITY. OUTSIDE HIS CAMP A VINE GREW AND HUNDRED YEARS LATER THE LEAVES HAVE BECOME AS BIG AS A CAMP, SO IT IS CALLED GENERAL VINE.

编号：0517

树名：紫藤

科属：豆科 紫藤属

树龄：646 年

树高：2.5 米

胸围：200 厘米

地址：晋中市榆次常家庄园

黄 檗

Phellodendron amurense Rupr.

黄波罗

科属：芸香科　黄檗属

　　落叶乔木，高达 15 米。树皮深沟裂，木栓层厚，富弹性，内皮鲜黄色。柄下芽黄褐色，被短柔毛。奇数羽状复叶，对生，小叶 5~13，卵形或卵状披针形，长 5~12 厘米，宽 3~4.5 厘米，边缘有细锯齿，近齿凹处有油腺点，下面沿脉多少被毛。花单性异株，聚伞状圆锥花序，顶生；花小，花瓣 5，黄绿色。浆果状核果，球形，径约 1 厘米，熟时紫黑色。

　　山西灵丘、太原、夏县等地有零星栽培。分布于东北、华北。

　　喜较湿冷的气候及深厚肥沃排水良好的土壤，不耐干瘠。用种子或分根繁殖。

　　珍贵的用材树种。栓皮层为优质软木工业原料；内皮药用；种子可榨工业用油。园林绿化树种。

编号：0518

树名：黄檗

科属：芸香科 黄檗属

树龄：500 年

树高：7.7 米

胸围：65 厘米

地址：忻州市河曲县巡镇苗圃

臭 檀

***Euodia daniellii*(Benn.)Hemsl.**

科属：芸香科　吴茱萸属

　　落叶乔木，高达 15 米。树皮暗灰色，平滑，老时有横裂纹。裸芽，芽密被黄色短毛。奇数羽状复叶，对生，小叶 5~11，椭圆形至矩圆状卵形，长 5~13（16）厘米，宽 3~6（8）厘米，边缘有钝锯齿，近齿凹处有腺点，下面沿中脉及脉腋密生白色长柔毛。花单性异株，聚伞状圆锥花序，顶生；花小，密集，花瓣 5，白色。蓇葖果紫红色至红褐色，先端具尖喙。种子黑褐色，有光泽。

　　产沁水、翼城、垣曲、夏县、阳城、陵川、稷山等县，生于海拔 1800 米以下沟边、山坡及疏林内。自东北南部，经华北、秦岭至西南地区有分布。

　　喜光，喜温暖气候，较耐寒。深根性，萌芽力较强。种子繁殖。

　　木材坚硬，为制家具、农具良材。果供药用；种子可榨油，作油漆工业原料。园林绿化树种。

编号：0519

树名：臭檀

科属：芸香科　吴茱萸属

树龄：1000 年

树高：20 米

胸围：408 厘米

地址：临汾市吉县屯里镇

臭 椿

Ailanthus altissima (Mill.)Swingle

科属：苦木科　臭椿属

落叶大乔木，高可达 30 米。树皮灰色至灰黑色，浅裂或不裂。小枝褐色至褐红色，粗壮，髓发达；枝无顶芽；叶痕马蹄形，大，叶迹 7~11，排成 V 字形。奇数羽状复叶，互生，小叶 13~25 或更多，披针形或卵状披针形，基部通常不对称，近基部有 2~4 粗齿，齿端背面有一腺体，常具臭味。花杂性，小形，绿白色，圆锥花序，顶生；萼片 5；花瓣 5；雄蕊 10，生于花盘基部，花盘 10 裂；雌蕊心皮 5，花柱合生，柱头 5 裂。聚合翅果。

产全省各地。生于海拔 1500 米以下山坡、村边或栽植于四旁。分布于东北南部及其以南的多数省份，为华北、西北习见树种。

喜光，适应干冷气候；耐干旱瘠薄土壤，喜钙质土；对土壤条件要求不严，酸性、中性、碱性土壤均可生长，不耐水湿。抗烟尘、抗风沙能力很强。深根性，根蘖力强，生长迅速，寿命较长，可达 200 年。用播种、分蘖及分根繁殖。

木材适宜作家具、农具、火柴杆等用材；木纤维是优良的造纸原料。叶可养樗蚕；种子含油约 37%，可榨油，加工后可食，也可用于油漆、肥皂、润滑油；根皮、种子可入药，有收敛止血、治痢清热等功效。可作黄土丘陵区、浅山区干瘠山坡及石灰岩山地绿化的先锋树种，亦宜作四旁绿化及城镇园林树种。

编号：0520

树名：臭椿

科属：苦木科　臭椿属

树龄：330 年

树高：14 米

胸围：330 厘米

地址：临汾市蒲县红道乡下大夫村

编号：0521

树名：臭椿

科属：苦木科　臭椿属

树龄：350 年

树高：24 米

胸围：204 厘米

地址：吕梁市交城县西社镇沙沟村

香 椿

Toona sinensis(A.Juss.)Roem.

科属：楝科 香椿属

落叶乔木，高达 25 米。树皮赭褐色，成窄条状脱落。小枝粗壮，枝具发达顶芽；叶痕大，叶迹通常 5，排成 V 字形，稀 3。偶数羽状复叶，稀奇数，互生，小叶椭圆状披针形或椭圆形，全缘或有浅锯齿。花两性，小形，圆锥花序顶生。蒴果，果皮革质。种子上端具膜质长翅。

山西中部以南栽培较多。南部中条山有野生，生于山坡杂木林中及沟边。山西省中南部不乏香椿大树，吕梁市离石区安国寺一株香椿树胸径达 0.7 米，树高 23 米。我国特有树种，分布于辽宁以南的广大地区，野生或栽培。栽培历史悠久。

喜光，喜温暖湿润气候，不耐严寒；对土壤要求不严，在中性、酸性、钙质土壤均生长良好，在土层深厚、湿润、肥沃的沙壤土上生长较快。深根性，根蘖性强。用种子繁殖，亦可埋根、扦插、分蘖繁殖。

幼叶嫩芽味清香，为名贵芽菜。珍贵的用材树种，其木材供制高档家具、装饰、造船业等用。树皮纤维可造纸；种子含油率 38.5%，可榨油；根皮及果入药，可收敛止血、祛湿去痛。四旁绿化树种。

这株香椿干高 7 米，两大主枝，冠幅 15 米 × 17 米，生长茂盛，为安国寺重点保护古树。

编号：0522
树名：香椿
科属：楝科　香椿属
树龄：1200 年
树高：23 米
胸围：219 厘米
地址：吕梁市离石区安国寺

漆 树

Toxicodendron vernicifluum(Stokes)F.A.Barkley

科属：漆树科　漆树属

　　落叶乔木，高达 20 米。树体具白色乳汁。幼时树皮灰白色，后变深灰色，呈不规则纵裂，常有黑色泪痕状树脂痕。小枝粗壮，淡黄色，具棕黄色柔毛，后变无毛，皮孔锈色；顶芽大，被棕黄色绒毛；叶痕心形，较大，叶迹 7 至多个，散生。奇数羽状复叶，互生，常集生枝顶，叶柄具柔毛；小叶 9~15，卵形、卵状椭圆形至长圆形，长 7~15 厘米，宽 2~6 厘米，先端渐尖，基部歪斜，圆形或宽楔形，全缘，上面通常无毛，下面沿脉被棕色柔毛，侧脉 10~15 对；小叶柄上面槽内有柔毛。圆锥花序，腋生，花小，黄绿色，杂性或雌雄异株；花萼 5 裂；花瓣 5；雄蕊 5；具花盘；子房圆球形，花柱短，柱头 3。果序下垂，核果，扁球形至肾形，径 6~8 毫米，外果皮薄，棕黄色，有光泽，中果皮厚，蜡质，内果皮淡黄色，果核坚硬。

　　产中条山垣曲、翼城、绛县、夏县、阳城、芮城，吕梁山乡宁、蒲县，太岳山沁源，太行山陵川、黎城，关帝山三道川林场等地。生于海拔 600~1800 米杂木林中。山西漆树大树并不少见，但因采漆、立地条件变化等原因，特大树未见，胸径 50~60 厘米者在深山区偶见。全国除东北、新疆、内蒙古外均有分布。

　　喜光，喜温暖气候及湿润、深厚肥沃的石灰质土壤，不耐严寒。根系较发达，有一定的萌蘖力。种子或插根繁殖。

　　树干韧皮部可割取生漆，为优良的防腐、防锈涂料。木材供建筑、家具等用。种子油可制油墨、肥皂、香精；果皮可取蜡，制蜡烛、蜡纸；叶可提取栲胶；干漆入药，有通经、驱虫、镇咳等功效。

树干的燕形疤痕为割漆后留下的痕迹。

编号：0523

树名：漆树

科属：漆树科　漆树属

树龄：600 年

树高：16 米

胸围：182 厘米

地址：中条山林局历山自然保护区混沟

黄连木

Pistacia chinensis **Bge.**

科属：漆树科　黄连木属

　　落叶乔木，高达 20 余米。树体各部分均有特殊气味。树皮方块状开裂、鳞片状剥落。偶数羽状复叶（有时奇数），互生，小叶 10~12，小叶片披针形至卵状披针形，长 5~8 厘米，宽 1.5~2.5 厘米，全缘。花单性，雌雄异株，圆锥花序；单被花，无花瓣。核果，径约 5 毫米，初为黄白色，熟时紫红色、铜绿色。

　　产垣曲、阳城、永济、陵川等县，生于海拔 600~1500 米阳坡及半阳坡。黄连木多生于干瘠山坡，生长缓慢，大树并不多见，沁水县土沃乡台亭村及阳城县蟒河一自然村有胸径达 1 米以上的古老大树，颇为罕见。分布于华北、西北及以南的广大地区。

　　喜光，幼树耐庇阴，不耐寒；对土壤要求不严，耐干旱瘠薄，喜生于肥沃湿润、排水良好的土壤，在酸性、中性和微碱性土壤上均能生长。对二氧化硫和烟有较强的抗性。深根性，主根发达，萌芽力强，生长缓慢，寿命可达 300 年以上。常用种子繁殖。

　　木材坚重致密，供建筑、家具等用。种子含油 42.46%，工业用；叶、皮、果可提取栲胶；嫩叶可代茶、腌食。为石灰岩山地造林及经济树种，亦可作城镇绿化树种。

编号：0524

树名：黄连木

科属：漆树科　黄连木属

树龄：1000 年

树高：20 米

胸围：340 厘米

地址：运城市垣曲县王茅镇北河村药堰组

编号：0525

树名：黄连木

科属：漆树科 黄连木属

树龄：1200 年

树高：23 米

胸围：209 厘米

地址：运城市垣曲县皋落乡槐南白村石窑组

编号：0526
树名：黄连木
科属：漆树科　黄连木属
树龄：1000 年
树高：15 米
胸围：460 厘米
地址：运城市垣曲县英言乡关庙村刺爬组

编号：0527

树名：黄连木

科属：漆树科　黄连木属

树龄：1000 年

树高：6 米

胸围：440 厘米

地址：运城市垣曲县古城峪子二组

编号：0528
树名：黄连木
科属：漆树科　黄连木属
树龄：1000 年
树高：10 米
胸围：220 厘米
地址：运城市垣曲县新城镇左家湾村下街组

编号：0529

树名：黄连木

科属：漆树科　黄连木属

树龄：1000 年

树高：12 米

胸围：310 厘米

地址：运城市垣曲县毛家湾镇安头村北林组

编号：0530

树名：黄连木

科属：漆树科　黄连木属

树龄：700 年

树高：17 米

胸围：493 厘米

地址：晋城市沁水县土沃乡台亭村

编号：0531
树名：黄连木
科属：漆树科　黄连木属
树龄：1500 年
树高：7 米
胸围：990 厘米
地址：阳泉市平定县巨城镇连庄村

编号：0532

树名：黄连木

科属：漆树科　黄连木属

树龄：800 年

树高：14 米

胸围：323 厘米

地址：晋城市阳城县桑林乡东汕村

编号：0533

树名：黄连木

科属：漆树科 黄连木属

树龄：500 年

树高：16 米

胸围：224 厘米

地址：阳泉市平定县岔口乡青杨村

毛黄栌

Cotinus coggygria Scop.var.pubescens Engl.

科属：漆树科　黄栌属

　　落叶灌木或小乔木。常溢具有强烈气味的树汁。小枝紫褐色。单叶互生，叶片多为阔椭圆形，稀为圆形，长 5~7 厘米，宽 4~6 厘米，先端圆或微凹，基部圆形或宽楔形，全缘，羽状脉，沿叶脉密被柔毛，脉外的毛较少；叶柄长 2~3 厘米，密被柔毛。花小、杂性，圆锥花序顶生。果序具多条羽毛状不育花梗；核果，肾形。

　　产夏县、阳城、垣曲、永济、稷山、沁源、介休、乡宁、娄烦、太原等中部以南的县市。生于海拔600~1500 米山地阳坡及半阳坡。该种在山西通常为灌木状，极少成乔木状，盂县交口村一坟地里的一株黄栌竟高达 11 米，胸径 0.83 米，枝下高 2 米。分布于华北、华东、华中、西北、西南。

　　喜温暖，耐庇阴，耐干旱瘠薄，在背阴山坡或岩石裸露的干燥阳坡都有生长。对土壤要求不严，中性、酸性、石灰性土壤均能生长，尤以石灰岩山地生长较多。萌芽力强，根系发达。种子繁殖，亦可压条、分根繁殖。

　　叶、树皮、木材含鞣质，可提制栲胶；木材含黄色素，可提取黄色染料；木材可制家具；枝叶入药，能消炎、清湿热。秋叶红艳，宜作城镇园林绿化及山地风景林树种。

编号：0534
树名：毛黄栌
科属：漆树科　黄栌属
树龄：2000 年
树高：2.1 米
胸围：192 厘米
地址：晋城市泽州县晋庙铺镇大山河村

此树树干呈条棱状，有 20 多条纵棱从根基一直通到分叉处，枝繁叶茂，生长旺盛。

编号：0535

树名：毛黄栌

科属：漆树科　黄栌属

树龄：500 多年

树高：11 米

胸围：268 厘米

地址：阳泉市盂县仙人乡交口村

编号：0536
树名：毛黄栌
科属：漆树科　黄栌属
树龄：1000 年
树高：8 米
胸围：300 厘米
地址：阳泉市平定县巨城镇上盘石村

华北卫矛

Euonymus maackii **Rupr.**

丝棉木

科属：卫矛科　卫矛属

落叶乔木，高达 10 米，胸径 50 厘米。树皮灰褐色，幼时光滑，老时浅纵裂。小枝绿色，微具四棱，无毛，髓横切面四边形，绿色。单叶对生，叶片卵圆形、椭圆状卵形或椭圆状披针形，长 4~7 厘米，宽 3~5 厘米，先端渐尖或长渐尖，基部宽楔形或近圆形，边缘具细锯齿，两面无毛，羽状脉；叶柄长 1~3 厘米。花两性，聚伞花序腋生，花 3~15 朵；花淡绿色，直径 8~10 毫米；萼片 4；花瓣 4；花盘肥厚，近方形；雄蕊 4，着生于花盘四角近边缘；子房与花盘贴生。蒴果，淡黄色或粉红色，径约 1 厘米，4 室。每室有种子 1~2，被橙红色假种皮。

产中条山、太岳山、吕梁山、关帝山、黑茶山及北部五台县等地，生于海拔 900~1500 米山坡、林缘或疏林内。在山西该种大树老树多见于山区或平川村庄，长治市太行宾馆及中村林场的两株树势已衰的华北卫矛胸径达 1 米余，树龄应在百年以上。分布于北起吉林，南至长江流域广大地区。

喜光，稍耐阴；耐寒冷、耐干旱，也耐湿，对土壤要求不严。深根性，抗风，生长较慢。用种子或插条繁殖。

木材黄白色，致密，有光泽，供器具及雕刻等细木工用。树皮及根皮含硬橡胶；根、树皮、枝、叶入药，可祛风湿、活血止痛、解毒；嫩叶可代茶；种子可榨油供工业用。重要的园林绿化树种。

编号：0537
树名：华北卫矛
科属：卫矛科　卫矛属
树龄：900 年
树高：12 米
胸围：320 厘米
地址：太原市省政府东门口

编号：0538

树名：华北卫矛

科属：卫矛科　卫矛属

树龄：900 年

树高：10 米

胸围：198 厘米

地址：阳泉市平定县冠山镇庙沟村

编号：0539

树名：华北卫矛

科属：卫矛科　卫矛属

树龄：550 年

树高：10 米

胸围：353 厘米

地址：临汾市蒲县太林乡河底村

元宝槭

Acer truncatum Bge.

华北五角枫

科属：槭树科 槭树属

落叶乔木，高达 12 米。树皮灰褐色，深纵裂。单叶对生，掌状 5 深裂，裂片三角状卵形或披针形，叶长 5~10 厘米，宽 8~13 厘米，先端渐尖，基部截形或近心形，无锯齿，在萌蘖枝或幼树上叶的中裂片有时 3 裂（次中裂片有时也具 3 裂），掌状脉 5。花杂性，雄花与两性花同株，伞房花序顶生；花黄绿色。双翅果，两翅开张为直角或钝角，果核与翅近等长。

产阳城、夏县、沁水、闻喜、翼城、垣曲、陵川、介休、中阳、五台、阳高、灵丘等县，生于海拔 650~1900 米疏林中。太岳山石膏山林场大黄榆沟一株元宝槭高 31 米，胸径 0.90 米；昔阳南营村一株明嘉靖年间修复庙宇时移栽的元宝槭，树高 16 米，胸径 0.86 米，均为树龄百年以上的古树。分布于东北、华北及河南、山东、陕西、甘肃等地。

较喜光，喜侧方庇阴，喜温凉气候及湿润肥沃排水良好的土壤；耐旱不耐涝；对城市环境适应性较强，较抗烟尘。深根性，抗风力强，萌蘖力强，寿命较长。

木材坚韧细密，硬度大，可供车辆、家具及木梭等耐磨器材用。种子可榨油，食用；嫩叶可代茶；果皮可提取栲胶。叶形秀丽，秋叶红色或黄色，观赏价值较高，为重要的园林绿化树种。

编号：0540
树名：元宝槭
科属：槭树科　槭树属
树龄：500 年
树高：18 米
胸围：386 厘米
地址：晋城市泽州县山河镇青合村

编号：0541
树名：元宝槭
科属：槭树科　槭树属
树龄：1000 年
树高：11 米
胸围：153 厘米
地址：阳泉市狮脑山

五角枫

Acer mono Maxim.

落叶乔木，高达 20 米。树皮灰褐色，浅纵裂。单叶对生，掌状 5 裂，少 7 裂，裂片卵形，叶长 5~8 厘米，宽 9~12 厘米，先端渐尖或尾尖，基部心形，边缘无锯齿，掌状脉 5。伞房花序顶生，杂性花，雄花和两性花同株；花淡黄绿色。双翅果，两翅开张成钝角，果翅为果核长的 2 倍以上。

产垣曲、沁水、翼城、介休、沁源、阳曲、五台等县，生于海拔 1000~1700 米山坡或山谷疏林中。分布于东北、华北、及长江流域各省。

弱度喜光，稍耐阴；适应性强，耐寒冷，喜湿润凉爽气候；对土壤要求不严，在酸性、中性及石灰性土壤上均能生长，但喜较肥沃的土壤。深根性，生长速度中等。种子繁殖。

木材结构细，纹理直，为优良的家具、车辆、建筑、胶合板等用材。树皮纤维良好，可作人造棉及造纸的原料；树皮含鞣质，可提取栲胶；种子榨油供工业用。叶形秀丽，秋叶红色或黄色，为著名的秋色叶树种，园林中常栽培。

编号：0542

树名：五角枫

科属：杨柳科　杨属

树龄：500 年

树高：22 米

胸围：458 厘米

地址：晋中市和顺县青城镇神堂峪村

省卷　下册

七叶树

Aesculus chinensis Bge.

科属：七叶树科　七叶树属

落叶乔木，高达 25 米。老树皮鳞片状脱落。小枝粗壮；顶芽特大。掌状复叶对生，小叶 5~7，长椭圆形或长椭圆状披针形，长 8~16 厘米，宽 3~6 厘米，边缘具细锯齿；总叶柄长 6~12 厘米。花序呈圆锥形，顶生；花杂性、雄花与两性花同株。蒴果倒卵圆形或近球形，直径 3~4 厘米，黄褐色。种子大型，近球形，深棕色，种脐大，淡白色。

夏县、永济、阳城、晋城等地有栽培。阳城县东山村陈阁老花园有一株树高 17.6 米，胸径 1.13 米，树龄数百年的古树。原产中国。现仅秦岭有野生。黄河流域及东部各省均有栽培。

喜光，稍耐阴；喜温暖气候，也能耐寒；喜深厚肥沃湿润而排水良好的土壤。深根性，寿命长。种子繁殖为主，扦插、高压也可。

树姿秀丽，著名观赏树种，可作庭阴树或行道树。木材材质轻软，可制作各种器具。种子药用，具散郁闷、安心神之功效；种子亦可榨油；花作黄色染料；嫩芽可代茶。

编号：0543

树名：七叶树

科属：七叶树科 七叶树属

树龄：500 年

树高：5.8 米

胸围：330 厘米

地址：晋城市阳城县润城镇东山村

编号：0544

树名：七叶树

科属：七叶树科 七叶树属

树龄：1000 年

树高：9 米

胸围：220 厘米

地址：运城市永济市城东办事处

文冠果

Xanthoceras sorbifolia Bge

科属：无患子科 文冠果属

　　落叶灌木或小乔木。奇数羽状复叶，互生，小叶 9~19，狭椭圆形至披针形，长 2~5 厘米，宽 1~2 厘米，边缘具锐锯齿。花杂性同株，顶生总状花序多为可孕花，侧生总状花序多为不孕花；萼片 5；花瓣 5，白色，基部具黄色或红色斑晕；花盘 5 裂，裂片背面有 1 角状橙色的附属物；雄蕊 8。蒴果大型，通常 3 室，果皮木质。种子黑褐色。

　　主要产于山西北、中部各县及襄汾、蒲县、武乡、大宁、汾阳、沁源、武乡等县，分布较普遍。分布于东北、华北及陕西、甘肃、河南。

　　在山西文冠果的产区内，诸如朔州、广灵、大同、代县、五台、定襄、娄烦、岚县、静乐、阳曲、榆次、汾阳、大宁、武乡、襄汾等县市都有人工栽培的文冠果老树大树，这些树树龄多为百年以上，多栽植于寺庙、村庄、宅院。代县天叫坡村有一株树高 10 米余，胸径 1.27 米的大树。

　　喜光，耐半阴；适应性强，耐干旱瘠薄；抗寒性亦强，在 −42℃ 时也能生存。对土壤要求不严，在沙荒、石砾地、黄土地、轻盐碱地上均能生长，但喜深厚肥沃湿润、通气和排水良好的土壤，不耐水湿。深根性，根系发达，萌蘖力强，生长尚快，寿命较长。播种繁殖，亦可分株、根插和压条。

　　重要的木本油料树种，种仁含油率 59%，可榨油食用或医药用；种子嫩时可食；果皮可提取糠醛。花洁白清雅，可作园林观赏树种，亦可作水土保持树种。

编号：0545

树名：文冠果

科属：无患子科 文冠果属

树龄：500 年

树高：9 米

胸围：230 厘米

地址：临汾市蒲县城关镇桃湾村

编号：0546

树名：文冠果

科属：无患子科 文冠果属

树龄：800 年

树高：5 米

胸围：109 厘米

地址：临汾市吉县中垛乡柳沟村

编号：0547
树名：文冠果
科属：无患子科　文冠果属
树龄：1000 年
树高：10 米
胸围：399 厘米
地址：忻州市代县胡峪乡天叫坡村

编号：0548
树名：文冠果
科属：无患子科　文冠果属
树龄：500 年
树高：7 米
胸围：141 厘米
地址：大同市天镇县下营村

编号：0549

树名：文冠果

科属：无患子科　文冠果属

树龄：1000 年

树高：17 米

胸围：210 厘米

地址：晋中市寿阳县平舒乡东郭义村

编号：0550
树名：文冠果
科属：无患子科　文冠果属
树龄：600 年
树高：8 米
胸围：273 厘米
地址：临汾市大宁县三多乡盘龙山村

枣 树

Ziziphus jujuba Mill

科属：鼠李科 枣属

落叶乔木。枝有长枝、短枝和无芽小枝 3 种；长枝红褐色，具一直一弯托叶刺；短枝粗短，自老枝发出；无芽小枝纤细，绿色，复叶状，通常 3~7 个簇生于短枝上，秋季整体脱落。单叶互生，叶片边缘具细钝齿，基生三出脉。花两性，小形，簇生于叶腋，或组成短聚伞花序。核果。

全省各地广为栽培，栽培历史悠久，忻定盆地及河曲以南海拔 1000 米以下地带常有成片栽植，省境北部栽培少。五台县南禅寺附近有一成片的枣树林，当地人称这片枣林为"唐枣"，其中较大的一株胸径达 1.28 米，树高 13.7 米；交城磁窑村亦保存有宋代古枣树近百株；太谷县白燕村生长着一片古老的壶瓶枣树群，现存枣树 40 株，其中最大两株树龄 3000 年以上，其他 38 株，均在 1000 年以上，还有散植的上千株树龄 300 年以上的壶瓶枣树；五台县阳白乡阳白村一株枣树第一次普查曾定为"枣树王"。

全国分布很广，北自辽宁南部，南至云南，东起山东，西达新疆均有分布，以河北、河南、山东、山西、陕西最为集中。

喜光，喜温，亦耐寒，耐干旱瘠薄，对土壤适应性较强；喜深厚肥沃的中性或微碱性的沙土壤，耐弱酸性和轻度盐碱土壤，忌黏土和湿地。根系发达，深而广，根蘖力强，能抗风沙，结实年龄早，寿命长。主要用分蘖、嫁接、根插繁殖，亦可种子繁殖。

枣为著名干果，枣树是我国栽培最早的果树，已有 3000 余年的栽培历史，品种很多，山西交城、太谷、夏县、稷山、运城、柳林、临县、保德等县都有著名的枣的品种。枣的果实营养丰富，富含维生素 C、蛋白质和多种糖类，可生食，又可加工成多种食品；药用，有养胃、健脾、益血、滋补强身之效。木材供高级家具、雕刻等细木工用。良好的蜜源植物。

编号：0551

树名：枣树

科属：鼠李科 枣属

树龄：800 年

树高：15 米

胸围：120 厘米

地址：太原市晋源区闫家坟村

编号：0552

树名：枣树

科属：鼠李科　枣属

树龄：500 年

树高：5 米

胸围：135 厘米

地址：太原市晋祠公园北湖西南

编号：0553

树名：枣树

科属：鼠李科 枣属

树龄：1000 年

树高：6.5 米

胸围：176 厘米

地址：运城市稷山县

编号：0554

树名：枣树

科属：鼠李科 枣属

树龄：1000 年

树高：7.9 米

胸围：165 厘米

地址：运城市稷山县

　　在五台县阳白乡南禅寺约一公里的农田里，长着 40 多株古枣树，据说植于唐朝，过去属南禅寺所有，当地人称这些枣树为唐枣。

　　这些枣树树干大多都有瘤状物，虽历经千年，但生长尚好，每年都还开花结枣。

编号：0555

树名：枣树

科属：鼠李科　枣属

树龄：1200 年

树高：13 米

胸围：401 厘米

地址：忻州市五台县阳白乡阳白村

编号：0556

树名：枣树

科属：鼠李科 枣属

树龄：1000 年

树高：9.3 米

胸围：219 厘米

地址：忻州市原平市子干乡下社村石鼓寺

编号：0557

树名：枣树

科属：鼠李科 枣属

树龄：1000 年

树高：5 米

胸围：270 厘米

地址：晋中市榆次区东阳镇车辋村常家庄园

编号：0558

树名：枣树

科属：鼠李科　枣属

树龄：800 年

树高：8.5 米

胸围：243 厘米

地址：晋中市榆次区东阳镇车辋村常家庄园

编号：0559

树名：枣树

科属：鼠李科　枣属

树龄：1000 年

树高：9 米

胸围：280 厘米

地址：吕梁市柳林县金家庄乡金家庄村

编号：0560

树名：枣树（五指骏枣）

科属：鼠李科　枣属

树龄：1200 年

树高：12 米

胸围：251 厘米

地址：吕梁市交城县天宁镇磁窑村

这株枣树在主干 1 米处分为 5 大主枝，故人称"五指"枣树。

编号：0561

树名：枣树

科属：鼠李科　枣属

树龄：2000 年

树高：11 米

胸围：230 厘米

地址：吕梁市柳林县高家塔村

编号：0562
树名：枣树
科属：鼠李科　枣属
树龄：1200 年
树高：9 米
胸围：200 厘米
地址：吕梁市柳林县孟门镇高下村

编号：0563
树名：枣树
科属：鼠李科 枣属
树龄：500 年
树高：5.7 米
胸围：109.9 厘米
地址：临汾市浮山县诸葛村

酸 枣

Ziziphus jujuba Mill. var. *spinosa* (Bge.)Hu ex H. F. Chow

科属: 鼠李科　枣属

　　落叶灌木稀乔木。单叶互生，叶片阔卵形至卵状披针形，边缘具锯齿，两面有光泽，三出脉；托叶刺发达。聚伞花序，腋生；花小，两性。核果，近球形，核两端钝。

　　在山西，主要产于内长城以南各地。生于海拔 1400 米以下向阳山坡、沟沿、地埂及山脚荒地上。通常为灌木状，高平、古县、石楼、汾西、太谷、文水、榆社、原平、五台、稷山等县有呈乔木状大酸枣树，高平县石末村有一株古大酸枣树树龄约 2000 多年，树高 9.8 米，胸径 1.66 米。分布于辽宁、内蒙古、黄河流域及淮河流域等地。

　　酸枣适应性强，耐干旱，耐瘠薄。寿命长。主要用种子繁殖。

　　种仁入药，有镇静安神功效；果实含丰富的维生素 C，可生食或制果酱、酸枣汁等；种子可榨油；花芳香多蜜，是华北地区重要的蜜源植物；可作嫁接枣树的砧木。

编号：0564

树名：酸枣

科属：鼠李科 枣属

树龄：1000 年

树高：9 米

胸围：157 厘米

地址：晋城市阳城县芹池乡川河村

据古县志记载，酸枣王长在南垣乡店上村。高十丈，粗三围，枝叶繁茂，开花结实，数百年物也。传说《水浒传》中的孙二娘曾在此树下开店，结交各路豪杰。因此将村名叫作"店上村"。

这株已逾千年的古树刺无倒钩，形如针锥，与其他酸枣树有别，其中寓有一个古老的故事：唐朝贞观年间，我国北方的高丽国内内忧外患，局势动荡不安。唐太宗李世民不听文武群臣劝谏，于贞观十九年亲率四十万大军，进攻高丽。一路浩浩荡荡，甚是威风。途经店上村，见村西大路旁有一颗高约三丈，粗有尺余的大酸枣树十分欢喜，立即下马观赏。高兴地说："这稀少罕见的酸枣大树，堪称酸枣王。"从此，"酸枣王"的封号就传下来了。

编号：0565

树名：酸枣

科属：鼠李科 枣属

树龄：1000 年

树高：16 米

胸围：307 厘米

地址：临汾市古县南垣乡店上村

编号：0566
树名：酸枣
科属：鼠李科　枣属
树龄：800 年
树高：18 米
胸围：200 厘米
地址：临汾市汾西县勍香镇郭家庄诸神沟村

编号：0567

树名：酸枣

科属：鼠李科　枣属

树龄：450 年

树高：12 米

胸围：134 厘米

地址：临汾市蒲县山中乡下金定村

编号：0568
树名：酸枣
科属：鼠李科　枣属
树龄：800 年
树高：10 米
胸围：180 厘米
地址：吕梁市交城县水峪贯村

梧 桐

Firmiana simplex (L.) F. W. Wight

青桐 　　　　　　　　　　　　　　　科属：梧桐科　梧桐属

落叶乔木，高达 20 米。幼树干皮青绿色，光滑，老树皮灰绿色或灰色，浅纵裂。小枝粗壮，绿色；芽密被锈褐色毛。单叶互生，叶片大，长宽均约 15~30 厘米，宽卵圆形或圆形，3~5 掌状深裂，叶先端渐尖，基部心形，边缘无锯齿，两面均无毛，或略被短柔毛，基出掌状脉 7 条；叶柄约与叶片等长。圆锥花序顶生，长 20~50 厘米；单性同株；花萼淡黄白色，5 深裂，裂片条形，外卷；无花瓣；雄花雄蕊花药约 15，聚生在雄蕊柄顶端，退化子房小；雌花的子房基部有退化雄蕊，花后心皮分离。蓇葖果膜质有柄，成熟前开裂成叶状，长 6~11 厘米，宽 1.5~3 厘米，网脉明显，每蓇葖果有种子 2~4 粒。种子圆球形，棕黄色。

山西中部、南部有栽培，运城地区栽培较多。我国从广东至华北均产。

喜光，喜温暖气候，不耐严寒；深根性，喜深厚湿润肥沃的沙质壤土，不耐水湿；生长尚快，寿命能达百年以上。通常播种繁殖，也可扦插、分根繁殖。

木材轻软，宜作乐器、家具等。树皮纤维供造纸；皮、根、叶、花、果和种子均可入药。种子可炒食和榨油，含油量 40%。良好的庭园观赏和行道树树种。

在普查中，晋中市榆次区常家庄园内生长有 1 株 800 年的梧桐。

编号：0569

树名：梧桐

科属：梧桐科 梧桐属

树龄：800 多年

树高：25 米

胸围：400 厘米

地址：晋中市榆次区常家庄园

柽 柳

Tamarix chinensis Lour.

科属：柽柳科　柽柳属

　　落叶小乔木或灌木。枝条有两种：一种是木质化的生长枝，经冬不落；另一种是无芽绿色营养小枝，冬天脱落。木质化老枝直立，红褐色或淡棕色，幼枝稠密细弱，通常开展而下垂；脱落性嫩枝绿色、纤细，悬垂。叶小，互生，鳞片状；钻形或卵状披针形，长 1~3 毫米。花两性，由春到秋均可开花，春季花总状花序侧生在去年生木质化的小枝上；夏、秋季花，总状花序生于当年生幼枝顶端，组成顶生大圆锥花序，疏散下垂。花 5 出，萼片 5；花瓣 5，粉红色；花盘 5 裂；雄蕊 5；花柱 3。蒴果圆锥形。花果期 4~9 月。

　　产山西南北各地，多生于河流两岸沙地及盐碱地，亦常见栽培。永和县交道沟村有一株柽柳树高 8.7 米，地径 0.87 米，可能为山西最大的柽柳。分布于辽宁、华北至长江流域中下游。

　　喜光，稍耐阴；对气候适应性强，耐干旱，耐高温和低温；对土壤要求不严，耐盐土及盐碱土能力极强，叶能分泌盐分，为盐碱地指示植物。深根性，根系发达，抗风力强；萌蘖性强，耐刈条，耐沙割与沙埋；寿命长。以扦插繁殖为主，也可播种、压条或分株。

　　叶形奇特，花期长，可作庭园绿化树种。枝条供编织用；树皮可提取栲胶；嫩枝入药，可解表、祛风、透疹利尿。亦是水土保持、固沙和盐碱地重要造林树种。

编号：0570
树名：柽柳
科属：柽柳科　柽柳属
树龄：500 年
树高：6 米
胸围：370 厘米
地址：临汾市蒲县乔家湾乡后堡村

中国沙棘

Hippophae rhamnoides L.subsp. *sinensis* Rousi

醋柳　　　　　　　　　　　　　　　科属：胡颓子科　沙棘属

落叶灌木或小乔木。具枝刺。枝被银白色或淡褐色腺鳞。单叶通常对生，有时互生，叶片条形或条状披针形，全缘，上面绿色，初被白色盾形毛或星状柔毛，下面银白色或淡绿色，被鳞片。花单性异株，短总状花序，生去年小枝上。坚果为肉质化的萼管包围，成核果状。

产全省丘陵山地，尤以右玉、宁武、五寨、岢岚、交口、中阳、五台及太原等县市为多。主要生于海拔800~2200米的山坡、丘陵、沟谷林缘、荒地和疏林中。分布于华北、西北、西南各地。

喜光，对气候和土壤的适应性均很强，抗严寒、耐风沙、干旱和高温；对土壤要求不严，耐水湿及盐碱，又耐干旱瘠薄，在含盐量1.1%以下的盐渍土上亦能正常生长，但在黏重土上生长不良。根系发达，萌蘖力强，根有根瘤菌，能固氮肥土。以播种繁殖为主，亦可压条、扦插及分蘖繁殖。

果富含多种维生素、氨基酸、糖类、类黄酮、类胡萝卜素和多种微量元素，可做果酒、饮料及果酱；种子含油10%，医用、化妆品用。防风、固沙、水土保持的良好树种，也是风沙地区园林绿化的先锋树种。

沙棘在山西省分布虽然很广，但保存的古树、大树较少，普查中发现，在吕梁市交口县有1株沙棘较大，高达13米，地围105厘米。

编号：0571
树名：沙棘
科属：胡颓子科　沙棘属
树龄：约 100 多年
树高：7 米
胸围：47 厘米
地址：吕梁市交口县高庙山

编号：0572

树名：沙棘

科属：胡颓子科　沙棘属

树龄：150 年

树高：9 米

地围：94 厘米

地址：大同市灵丘县赵北乡康庄村

编号：0573

树名：沙棘

科属：胡颓子科　沙棘属

树龄：约 100 余年

树高：13 米

地围：100 厘米

地址：晋中市榆社县白北乡地黄滩

翅果油树

Elaeagnus mollis Diels.

科属：胡颓子科　胡颓子属

　　落叶乔木或灌木，高达 11 米。老树树皮深灰色，深纵裂。1 年生枝银灰色，具密生小鳞片及散生星状毛。单叶互生，叶片卵形或卵状椭圆形，长 6~9（15）厘米，宽 2~5（11）厘米，全缘，上面深绿色，疏被鳞片，下面灰绿色，密被银白色鳞片及星芒状鳞毛。花 1~3，簇生于叶腋，两性，淡黄色。坚果翅果状，具明显 8 纵棱脊，果肉干棉质；果核纺锤形，坚硬，具 8 条纵沟槽。

　　产中条山翼城、吕梁山南段乡宁、蒲县、河津、稷山等县。生于海拔 800~1500 米阳坡、半阳坡。乡宁县有较大的古树。分布于陕西省（户县）。

　　喜温暖湿润气候，适生年均温 12℃，极温 −20℃以下易生冻害；喜肥厚的沙壤土，能耐干瘠，不耐水湿。萌芽力强，生长快，萌生植株 3 年即可结实。用种子繁殖。

　　种仁含油量 51%，出油率 35%，质优良，供医药、工业和食用。油含亚油酸是治疗动脉硬化的有效成分。花芳香，为蜜源植物。木材可作农具、家具等用材。根系发达，富含根瘤菌，是改良土壤和保持水土的好树种。国家二级保护树种。

编号：0574

树名：翅果油树

科属：胡颓子科　胡颓子属

树龄：600 年

树高：6.9 米

地围：245 厘米

地址：临汾市乡宁县关王庙乡木凹村

编号：0575

树名：翅果油树

科属：胡颓子科　胡颓子属

树龄：800 年

树高：6.9 米

地围：280 厘米

地址：临汾市乡宁县关王庙乡木凹村

编号：0576

树名：翅果油树

科属：胡颓子科　胡颓子属

树龄：250 年

树高：9 米

地围：145 厘米

地址：临汾市翼城县南梁镇陶家村

石 榴

Punica granatum L.

科属：石榴科 石榴属

落叶灌木或小乔木，高 2~7 米。小枝四棱形，顶端多为刺状。单叶对生或簇生，倒卵形至矩圆状披针形，全缘，两面具光泽。花两性，1~5 朵集生于枝顶；花萼钟状，厚革质，顶端 5~7 裂；花瓣与萼裂片同数，着生萼筒内，常鲜红色，多皱褶。浆果，果皮厚，革质。种子多数，外种皮肉质。花期 6~7 月，果期 9~10 月。

原产巴尔干半岛至伊朗及其邻近地区。山西南部有栽培。

喜光，喜温暖，也能耐寒，耐旱；喜生于土质略带黏性，而富含石灰质的土壤，在排水良好，较湿润的沙壤或壤土上亦发育良好。寿命长，80 年生的老树仍可结实。播种、分株、压条、扦插、嫁接等法繁殖。

著名果树，果可生食或加工成清凉饮料；树皮和果含鞣质，且含量高，可提取栲胶，也可做黑色染料；果皮、根、花及茎皮均可入药，有收敛止泻、杀虫解毒止血之功效。亦常栽培供观赏。

编号：0577
树名：石榴
科属：石榴科　石榴属
树龄：100 年
树高：4 米
地围：63 厘米
地址：晋城市阳城县凤城镇西关村

编号：0578

树名：石榴

科属：石榴科　石榴属

树龄：300 年

树高：6 米

地围：69 厘米

地址：阳泉市平定县娘子关马村真院

编号：0580

树名：刺楸

科属：五加科　刺楸属

树龄：300 年

树高：17 米

地围：151 厘米

地址：晋城市阳城县桑林乡蟒河村

毛 梾

Swida walteri (Wanger) Sojak

黑椋子　　　　　　　　　　　　　　　　　　　　　　科属：山茱萸科　梾木属

　　落叶乔木，高达 20 米。树皮长方块状开裂。单叶对生，叶片椭圆形或长椭圆形，长 4~12 厘米，宽 2~8 厘米，先端渐尖，基部楔形，全缘，上面被疏短柔毛，下面密被灰白色贴生短柔毛，侧脉 4~5 对，弧形弯曲。花两性，白色，小；伞房状聚伞花序，顶生，花密集。核果近球形，径 6~8 毫米，熟时黑色。

　　产中条山阳城、沁水、翼城、夏县、垣曲、芮城，太岳山古县、太行山陵川等地，生于海拔 650~1800 米的河边、沟谷、山坡杂木林中及灌木丛中。内长城以南有栽培。阳城、垣曲等县有栽培的大树。分布于辽宁、河北、河南、山东、陕西、甘肃，南至长江流域。

　　喜光，适应性强，能耐 –23℃低温和 43.4℃高温；年降水量 450~1000 毫米，无霜期 160~210 天的地方均能生长；耐干旱瘠薄，但喜深厚肥沃土壤；在中性、微酸性或微碱性土壤中均可生长。深根性，根系发达；生长快，萌芽力强，寿命可达 300 年。播种、分株或扦插繁殖。

　　木本油料植物，果实含油率 31%~41%，油可食用，或用于肥皂、油漆等工业；叶和树皮可提取栲胶。木材坚硬，纹理致密，供建筑及制作家具、农具用。亦可作为荒山造林和园林绿化树种。

编号：0581
树名：毛梾
科属：山茱萸科　梾木属
树龄：400 年
树高：7 米
地围：82 厘米
地址：长治市黎城县

编号：0582
树名：毛梾
科属：山茱萸科　梾木属
树龄：750 年
树高：10 米
地围：261 厘米
地址：晋城市沁水县柿庄镇枣园村

编号：0583

树名：毛梾

科属：山茱萸科 梾木属

树龄：500 年

树高：11 米

地围：298 厘米

地址：晋城市阳城县町店镇焦庄村

山茱萸

Cornus officinalis Sieb. et Zucc.

科属：山茱萸科　株木属

　　落叶乔木或灌木。树皮成薄片剥落。单叶对生，叶片卵形至卵状椭圆形，稀卵状披针形，长5~12厘米，宽2.5~5厘米，先端渐尖，基部宽楔形或近圆形，全缘，上面无毛，下面被白色平伏毛，脉腋被淡褐色簇毛，侧脉6~8对，弓形内弯。伞形花序顶生或腋生；花两性，黄色，先叶开放。核果长椭圆形，熟时红色或紫红色；核有纵肋。

　　产中条山阳城县蟒河，黎城、沁水等地有栽培。分布于河南、山东、陕西、甘肃、江苏、安徽、浙江等省。

　　喜肥沃湿润土壤，在干燥瘠薄土壤上生长不良。一般用种子繁殖。

　　果实药用，果皮称"萸肉"、"山萸肉"、"枣皮"，为著名中药，为收敛性补血剂及强壮剂，有健胃、补肝肾、涩精止汗之功效，可治贫血、腰痛、神经及心脏衰弱等症。

编号：0584

树名：山茱萸

科属：山茱萸科　梾木属

树龄：400 年

树高：7 米

地围：82 厘米

地址：晋城市阳城县蟒河镇蟒河村

柿 树

Diospyros kaki L.f.

科属：柿树科　柿树属

　　落叶乔木，高达 15 米。树皮黑灰色，小长方块开裂。单叶互生，叶片椭圆状卵形、长圆形或倒卵形，长 7~15 厘米，宽 4~10 厘米，全缘，上面深绿色，下面淡绿色，沿脉有褐色柔毛。花杂性，雄花组成短聚伞花序，雌花及两性花单生叶腋；花萼果熟时增大；花冠黄白色或近白色。浆果。

　　全省广泛栽培，南起芮城，北至灵丘，东起黎城、左权、平顺，西至黄河边的石楼、永和等县，均有栽培，尤以晋南、晋东南为多。多生于海拔 800~1140 米山坡及住宅旁。晋南柿产区三四百年生老树屡见不鲜，在平陆、万荣等县有的树树龄 400 多年仍生长健壮，结实正常。品种繁多。中条山有野生。全国分布较广泛，约以北纬 40° 为北界，南至华南及西南。

　　喜光，喜温暖湿润；抗旱，耐涝，耐瘠薄，但不耐碱，不耐严寒。年平均气温在 9℃以上，极端低温在 -20℃ 以内，背风向阳较温暖气候条件下生长良好。喜中性壤土、沙壤土及黄土，但对土壤适应性强，一般土壤均能栽培。深根性，寿命长。一般用黑枣作砧木嫁接繁殖。

　　著名果树。果可鲜食、制柿饼、酿酒、制醋；柿果有降血压、健脾胃等疗效；柿霜可治口疮、咽喉痛、咳嗽咽干等病；柿叶制茶，可利尿消肿，软化血管。木材可供器具、雕刻等。良好的园林绿化树种。

编号：0585

树名：柿树

科属：柿树科 柿树属

树龄：1000 年

树高：11 米

地围：201 厘米

地址：运城市万荣县高村乡冯村

黑 枣

Diospyros lotus L.

君迁子   科属：柿树科　柿树属

　　落叶乔木，高达20米。树皮灰黑色，深裂成小方块状。单叶互生，叶片椭圆形至长圆形，长6~10厘米，宽3.5~6厘米，全缘，上面初密被柔毛，后渐脱落，下面灰绿色，被灰色短柔毛。花单性，雌雄异株，淡黄色至淡红色；雄花簇生叶腋；雌花单生。浆果。

　　产五台县东冶、泽州县佛爷站、果树口，夏县泗交、下秦涧太宽河没底沟，阳城县桑林蟒河、杨白，太原清徐马家坡等地。生于海拔850~1250米的山坡、山沟。各地多有栽培，栽培区域基本同柿树，栽培历史悠久，如沁水县北山村有株地径达2米以上的老树。分布于北自辽宁，南达广东，西南至四川、云南的多数省份。

　　喜光，抗干旱，耐瘠薄，耐微碱，怕水湿，对土壤要求不严。深根性，侧根发达。用种子繁殖。

　　果可生食或酿酒、制醋、制糖，果实中富含维生素，可提取供药用；种子可入药，有止渴、去烦热之功效，还可榨油、制肥皂等；嫩枝和未熟果实可制柿漆，做涂料；树皮可提取栲胶。木材质地坚硬，可做家具、农具等。嫁接柿树的砧木。

编号：0586

树名：黑枣（君迁子）

科属：柿树科　柿树属

树龄：450 年

树高：9 米

地围：140 厘米

地址：太原市晋祠博物馆难老泉不系舟旁

编号：0587

树名：黑枣（君迁子）

科属：柿树科　柿树属

树龄：400 年

树高：12 米

地围：377 厘米

地址：晋城市沁水县胡底乡前岭村

暴马丁香

Syringa reticulata(Bl.)Hara var.*amurensis*(Rupr.)Pringle

科属：木犀科　丁香属

落叶灌木或小乔木，高达 15 米。树皮暗灰色。单叶对生，叶片卵形、卵状披针形或宽卵形，长 4~12 厘米，宽 3~7 厘米，先端短尾尖或渐尖或钝，基部圆形、宽楔形、截形或近心形，全缘，上面亮绿色，下面灰绿色。花两性，圆锥花序顶生；萼小；花冠白色，先端 4 裂，花冠筒比裂片短；雄蕊 2，花丝长度近于为花冠裂片 2 倍；子房 2 室。蒴果。种子具翅。花期 6~7 月。

产中条山闻喜、绛县、沁水、翼城，太行山晋城、陵川，吕梁山稷山等县以及太岳山、关帝山、恒山等山。生于海拔 1200~1700 米河谷灌丛中或山坡混交林中或林缘。分布于东北、华北、西北等地。

喜光，在湿润肥沃的土壤上生长良好。播种繁殖。

木材坚硬致密，耐水湿，耐腐朽，供建筑、家具、细木工等用。树皮及叶含鞣质，可提取栲胶；花可提取芳香油；枝茎入药，有清肺、镇咳、祛痰之效；根为制熏蚊香原料。常用作园林绿化树种。蜜源植物。

这株暴马丁香树体高大，树姿美观，每到花开季节，花香四溢，十分好看，在野外长成如此大的枝株，实属罕见。

编号：0588
树名：暴马丁香
科属：木犀科　丁香属
树龄：800 年
树高：18 米
地围：106 厘米
地址：中条山林局历山自然保护区混沟

紫丁香

***Syringa oblata* Lindl.**

华北紫丁香   科属：木犀科　丁香属

　　落叶灌木或小乔木。小枝粗壮。单叶对生，叶卵圆形至卵状心形，通常宽大于长，全缘。花两性，圆锥花序发自枝端侧芽；萼钟状；花冠紫色；雄蕊 2，花药位于花冠筒中上部；子房 2 室。蒴果。种子有翅。

　　产永济、绛县、沁水、翼城、阳曲、中阳、蒲县等县，生于海拔 800~2000 米山坡杂木林中及山谷间；全省广泛栽培。分布于吉林、辽宁、河北、陕西、山东等省。

　　喜光，稍耐阴，耐寒性较强，耐干旱，忌排水不良的低湿地，在肥沃湿润、排水良好的土壤上生长良好。播种、扦插、嫁接、分株、压条繁殖。

　　木材坚韧，可制作农具、工具柄等；种子药用；花可提取芳香油；嫩叶可代茶。重要的园林绿化树种。

编号：0589
树名：紫丁香
科属：木犀科　丁香属
树龄：200 年
树高：10 米
胸围：144 厘米
地址：晋城市陵川县夺火乡望洛村

编号：0590

树名：紫丁香

科属：木犀科　丁香属

树龄：300 年

树高：4 米

根围：95 厘米

地址：忻州市五台山佛光寺

省卷 下册

编号：0591
树名：紫丁香
科属：木犀科　丁香属
树龄：300 年
树高：4 米
根围：90 厘米
地址：忻州市五台山佛光寺

白丁香

Syringa oblata Lindl. var. *alba* Hort.ex Rehd.

科属：木犀科 丁香属

白丁香为紫丁香的变种，其形态特征与紫丁香相似。灌木，单叶对生，全缘，叶通常宽大于长，叶形亦似紫丁香，但叶较小，叶下面稍有短柔毛或无毛。圆锥花序，花白色，香气浓。蒴果。

山西各地普遍栽培，供观赏。

编号：0592

树名：白丁香

科属：木犀科　丁香属

树龄：500 年

树高：7 米

胸围：232 厘米

地址：晋城市陵川县礼元镇东头村

流苏树

Chionanthus retusus Lindl.et Paxt.

茶叶树　　　　　　　　　　　　　　　　　科属：木犀科　流苏树属

落叶灌木或乔木，高达20米。树皮暗灰色。侧芽2，叠生，稀单生。单叶对生，叶片革质，矩圆形、椭圆形、卵形或倒卵状椭圆形，长3~10厘米，宽1.5~4厘米，先端钝圆、微凹或锐尖，基部宽楔形或近圆形，全缘或有时有细锯齿；叶柄基部带紫色。花单性，雌雄异株，聚伞状圆锥花序；花萼4裂；花冠白色，4深裂，裂片条状倒披针形，花冠筒极短。核果椭圆形，暗蓝色，熟后变黑。

产垣曲、阳城、翼城、沁水、陵川、稷山、蒲县、乡宁、沁源等县，生于海拔700~1500米山坡灌丛和稀疏混交林中。偶见有栽培，长子、沁水、高平等县、市有栽培的大树，沁水县佛堂头村一株胸径1.27米，树高13米；高平市双泉村一株高17米，胸径0.67米，树龄约500年。分布于华北及其以南的多数省份。

喜光，耐寒，抗旱，喜温凉气候；在微酸性至微碱性土壤上均能生长，适生于深厚湿润肥沃的沙壤土。生长稍慢。播种、扦插、嫁接繁殖。

木材坚硬致密，可制器具及细木工用。嫩叶和芽焙制后可代茶用，故又称"茶叶树"；种子含油率52%，为半干性油，可食用或工业用；根药用，为愈疮剂。花蜜集，素雅美丽，是优良的观赏树种。

编号：0593
树名：流苏树
科属：木犀科　流苏树属
树龄：1000 年
树高：11 米
胸围：348 厘米
地址：晋城市沁水县佛堂头村

编号：0594
树名：流苏树
科属：木犀科　流苏树属
树龄：1000 年
树高：12 米
胸围：280 厘米
地址：长治市长子县壁村乡李家峪村

楸叶泡桐

Paulownia catalpifolia Gong Tong

科属：玄参科　泡桐属

　　落叶乔木，高达 20 米。树干端直，树皮老时浅裂或深裂；树冠密窄卵形，枝叶浓密，有明显的中心主干。单叶对生，叶长卵状心形，长 12~28 厘米，宽 10~18 厘米，先端长渐尖，基部心形，全缘或浅裂，上面深绿色，稍有光泽，下面密被白色或淡灰黄色分枝毛；树冠内膛叶较宽，卵形；叶柄长 10~18 厘米。花序顶生，聚伞圆锥花序圆筒状或狭圆锥形，长 10~30 厘米；花蕾大，长倒卵形，长 14~18 毫米，径 8~10 毫米，密被黄色分枝毛；花长 7.5~10 厘米，花萼狭倒圆锥形；花冠筒细长，漏斗状，5 瓣裂，呈二唇状，淡紫色，里面被小紫斑及紫线；雄蕊 4,2 强；心皮 2。蒴果椭圆形，长 3.5~6 厘米，二瓣裂，果皮厚 2~3 毫米，木质。种子小而多，两侧具膜质翅。

　　山西南部阳城、平陆、河津等县有栽培或野生。分布于山东、河北、河南等省。

　　适宜温凉气候，喜光，深根性，在深厚、湿润、排水良好的壤土上生长良好。

　　优良用材树种，木材灰白色，质较坚硬，为泡桐属中木材最好的一种。亦为行道树和园林绿化的优良树种。

编号：0595

树名：楸叶泡桐

科属：玄参科　泡桐属

树龄：500 年

树高：14 米

胸围：116 厘米

地址：运城市河津市小良乡马家庄

楸 树

Catalpa bungei C.A.Mey.

科属：紫葳科　梓树属

　　落叶乔木，高达 30 米。树皮浅细纵裂。单叶对生或轮生，三角状卵形或长卵形，长 6~16 厘米，宽 6~12 厘米，先端渐尖，基部截形、宽楔形或心形，全缘或有 3 裂片，两面无毛，下面基部脉腋有紫色腺斑 2，基部 3 出脉。花两性，总状花序或成伞房状，顶生，有花 5~20 朵；花萼 2 裂；花冠钟状，二唇形，白色，内有紫红色斑点。蒴果细长，长 20~50 厘米。种子扁平，两端有长毛。

　　全省内长城以南盆地及海拔 1500 米以下的低山丘陵区多有栽培，尤以南部栽培较多。栽培历史悠久，闻喜、乡宁、蒲县、石楼、大宁、介休、太谷、交城、阳曲、榆次、代县、五台、定襄等县都有七八百年到千年的古树。这些古树多保存于寺庙、祠堂、村庄公用院落，榆次真武庙和蒲县东岳庙的"唐楸"均为保存于寺庙古老楸树。闻喜、夏县、垣曲、沁水、阳城、稷山等县海拔 750~1200 米山坡有野生。长江流域下游和黄河流域各地普遍栽培。

　　喜光，喜温凉气候，不耐严寒；在深厚肥沃、湿润疏松的中性、微酸性和钙质壤土中生长迅速，不耐干旱瘠薄和水湿，稍耐盐碱。根蘖力、萌芽力都很强，寿命长达千年。对二氧化硫、氯气有抗性，吸滞灰尘、粉尘能力较强。通常开花极茂盛，但往往结实少或不结实。多用分根、分蘖繁殖，也可扦插、嫁接或播种繁殖。

　　木材坚韧致密，纹理美观，不翘裂，耐腐，供军工、机械、建筑、雕刻等用。叶、树皮、种子入药；花可提芳香油；嫩叶可食。优良的"四旁"绿化树种。

编号：0596
树名：楸树
科属：紫葳科　梓树属
树龄：1500 年
树高：20 米
胸围：340 厘米
地址：太原市晋祠博物馆

编号：0597

树名：楸树

科属：紫葳科　梓树属

树龄：1000 年

树高：20 米

胸围：260 厘米

地址：临汾市蒲县柏山东岳庙内

编号：0598
树名：楸树
科属：紫葳科　梓树属
树龄：1000 年
树高：20 米
胸围：340 厘米
地址：临汾市蒲县柏山东岳庙内

编号：0599
树名：楸树
科属：紫葳科　梓树属
树龄：1400 余年
树高：19 米
胸围：760 厘米
地址：临汾市大宁县东南堡乡刘家庄村

　　在临汾市大宁县东南堡乡刘家庄村天神庙前，有两株古楸树，人称"姊妹树"。这两株楸树，干朽枝枯，萌生的新枝分为 5 层组成树冠，每年 5 月初，紫花满树，十分壮观。每到端午节时，刘家庄的群众都要在树下安起锅灶，用落地枯枝烧水杀猪，祭这株"神树"。

　　这两株楸树的根蘖萌生能力很强，大树周围密密麻麻地生长着一片大小不等的儿孙树，每到开花时节，一片花海，十分美丽。

编号：0600

树名：楸树

科属：紫葳科　梓树属

树龄：1300 年

树高：14 米

胸围：660 厘米

地址：晋中市榆次区长凝镇北头村

编号：0601

树名：楸树

科属：紫葳科　梓树属

树龄：1000 余年

树高：7 米（左）8 米（右）

胸围：200 厘米（左）130 厘米（右）

地址：吕梁市柳林县穆村镇张家山村关帝庙

编号：0602

树名：楸树

科属：紫葳科　梓树属

树龄：1300 年

树高：22 米

胸围：668 厘米

地址：晋中市榆次区长凝镇北头村

编号：0603
树名：楸树
科属：紫葳科　梓树属
树龄：800 余年
树高：24 米
胸围：423 厘米
地址：忻州市五台县大石乡兴坪村

编号：0604
树名：楸树
科属：紫葳科 梓树属
树龄：800 余年
树高：14 米
胸围：320 厘米
地址：朔州市山阴县西安峪

编号：0605
树名：楸树
科属：紫葳科　梓树属
树龄：2500 年
树高：24 米
胸围：750 厘米
地址：晋中市太谷县侯城乡青基沟

这株古楸树早在 1956 年 7 月就被太谷县列为重点保护文物之一。庞大的树冠，粗壮的树干，周围密密麻麻的生长着一片大小不等的小楸树，均为古楸根蘖而生，面积约有 1 亩。

涓涓细流青基沟，巍巍端坐一古楸，

千年修得雄风在，楸子楸孙竞风流。

编号：0606
树名：楸树
科属：紫葳科 梓树属
树龄：2000 余年
树高：20 米
胸围：1100 厘米
地址：忻州市原平县大林镇西神头树

省卷 下册

编号：0607

树名：楸树

科属：紫葳科 梓树属

树龄：1000 年

树高：20 米

胸围：382 厘米

地址：临汾市乡宁县关王庙乡下川村

第七编
古树的保护传承和发展

　　古老的三晋大地，原是一片莽莽苍苍的林海，铸成了今日山西号称中国的"煤海"。由于历史的变迁，地质的演变，古老山西的"绿色宝藏"资源逐渐枯竭，到新中国成立初期，森林面积仅有500万亩，森林覆盖率仅为2.34%。根据普查，全省100年以上古树尚存20余万株，其中1000年以上古树仅存1000株。这些古树，具有珍贵的历史价值，是一部自然环境的发展史，每株古树，都折射出强烈的文化内涵。因此我们应该珍惜古树，保护古树，利用古树，发展古树，把它作为生态文明建设的一项重要内容切实抓好。

　　保护古树，前提是保护，以保护为基础，以发展为核心，以利用促发展。离开保护这个前提，所谓传承、利用、发展都无从谈起。

　　人类离不开森林，人类与森林永远相依相存。古树之所以能幸存至今，关键在于人的自觉保护。因此，要加强宣传力度，提高人们的生态文明意识，把保护古树形成一种机制，形成一种社会风尚。

第二十章　发扬优良传统　加强古树保护

　　山西的生态环境十分脆弱，虽经 60 多年的林业建设，生态环境有了很大改善，但尚未从根本上改变生态条件，还需长期艰苦的努力。

　　林业建设，三分造，七分管，只造不管，事倍功半，甚至劳而无功。古树生长脆弱，能保存至今，实属不易，更应当倍加珍惜，倍加保护。要广泛宣传群众，制定应有的法规，要健全管理队伍，在资金上给予投入，把保护古树工作切实抓好。

　　自古以来，山西省劳动人民就有爱树护树的光荣传统，采取许多方式对古稀树木进行管护，出现了许多保护林木的动人事迹，我们应当发扬这种美德。

保护好古老稀树

刘清泉

古树，是地球上木本植物群落相互竞争的幸存者。它扎根大地，千姿百态，遒劲挺拔，奇绝苍健，铭刻着大自然的变化，记录着人类的兴衰，是国家文明的象征，是社会科研的宝贝，是大自然不同历史阶段留给人类社会的珍宝。

古树是最有生命力的历史遗产，每一株古树，都具有珍贵的历史价值，是一段历史的见证与科学文化的档案，是一部自然环境的发展史。透过古树，我们可以重温这些"活文物"的博大精深，激发人们崇尚自然、热爱自然、传承文化、建设人与自然和谐相处的社会文明和物质文明。

古树是一种文化，它的精神融入了古代历史文化之中，融合了先民的宇宙观、社会观、人生观，对古代文化进程起了十分重要的作用。每一株古树，都与它生长时期的政治、经济、科技、文化艺术、信仰、审美等密切相关，它折射了历史，映射出强烈的文化内涵。

古代的三晋大地，广袤葱郁，森林茂密，森林覆盖率在60%以上。由于历史的原因，灾害、战火，以及人为的砍伐破坏，到解放初期，森林覆盖率仅为2.34%，至于残存的古老稀树，则更是寥寥无几。据调查统计，全省100年以上古树仅存20余万株，1000年以上古树1000多株，名木不足百株，分布在名山大川、古迹景点、寺庙坟陵、城镇街道、乡村院落。这些古树，巍然矗立，生机盎然，充满灵气，集古、奇、灵、神于一体，给人以恬静、幽远、古朴、豁达之感，构成了一道靓丽的自然景观和人文景观。

我长期从事林业工作，对古老稀树十分关注，把它视为自然遗产、历史文物。离职后的第二年，即1986年秋我开始对全省古老稀树进行实地考察。历经近两年时间，考察古树109种1403株。并于1989年5月编写了《山西古稀树木》一书，由山西科学教育出版社出版。在全国尚属先例。

由于第一次考察区域有限，一些偏远山区，人迹罕至的地方尚未跑到。根据群众的推荐，我于1990年后又进行第二次考察，发现新树种20个，新古树457株。两次共考察129个树种、1606株古树，分布在114个县（市）的619个乡镇、994个村庄。同时结合参加全国性的一些科研会议，还在12个省份考察了30个树种、115株古老稀树，也作了考察记载。在此基础上，将两次考察编著为《古稀树木》一书，

共 60 多万字，由中国环境科学出版社于 1997 年 4 月出版发行。

由于古稀树木种类繁多，分布零散，需要采取科学的方法，认真细致地进行调查、实测、考证、拍照、查校等一系列工作，既需要一定的人力、物力，也需要相当长的时间和精力。同时，开展对古老稀树的研究，不单属于林学范畴，还涉及生态学、生物学、土壤化学、气候学、地震学和考古、史学等多种学科，需要研究的领域既多又广。由于我的知识水平有限，也缺乏研究的资料和工具，所以我的两次调查研究基本上是踩着石头过河，干中学，学中干，研究的内容比较肤浅，只能说是为进一步研究探索思路，提供线索，创造条件。

我的前两本著作，在社会上引起了一定反响，得到了有关部门的关注。山西省绿化委员会在我原有著作的基础上，组织力量再一次进行全面普查，增加调查内容，扩大调查范围，加以充实提高。山西省古树专业委员会许卓民主任对此事十分热忱，积极倡导再编写一本《山西古树大典》。于是，由许卓民同志领导组织一些退下来的老同志承担此项工作，得到了省有关领导、省林业厅和省绿委所属系统的大力支持，勉励大家把这本书编好，以期达到宣传古树、珍惜古树、保护古树，推动全省生态文明建设的深入开展。可喜的是，在大家的共同努力下，此书得以顺利出版。

党的十八大十分强调生态文明建设，把生态文明建设提升到更高的战略地位。之所以如此重视，因为它关系到人民的福祉，民族的未来。面对我们国家资源约束趋紧、环境污染严重、生态系统退化的严重形势，把生态文明建设放在了突出的位置，融入了"五位一体"的全过程，体现了尊重自然、顺应自然、保护自然的理念。大力提倡保护珍贵古老稀树，正是加强生态文明建设的一项重要内容。

前人栽树，后人乘凉。古人栽植古树，是为今人造福。古树能够成活至今，十分珍贵难得。因此，千万要珍惜古树，保护古树，提高广大群众的生态意识和绿化意识，齐心协力把保护古老稀树工作做好。

我乃酷爱古稀树木之人，对编写《山西古树大典》一书感到十分欣慰，对此书的编委和作者表示深切的敬意！

山西古树的传承保护与发展
——写给《山西古树大典》

许卓民　潘伊正

我们正处在一个中华民族伟大复兴的时代。让古树常青，国粹永存，是历史赋予我们的责任。

人类的自然资源，是社会文明、经济发展的基石。如何保障自然资源可持续发展利用，已成为当代经济社会发展过程中面临的一大难题。

中华民族五千年的文明发展历程，给我们留下了极为丰富的文化遗产。这些遗产既是人类文化多样性的重要体现，又是中华民族精神和中华文化主权的有力象征，保护和传承这些遗产，是贯彻落实科学发展，促进社会主义文化大发展、大繁荣，构建社会主义和谐社会的必然要求。

进入新世纪以来，随着我国政府综合国力的不断增强，保护文化遗产的工作已纳入重要的议事日程，给予高度重视，成为政府工作的重要内容。为了有力地推动古迹遗产保护工作，中央有关部委相继成立了保护机构，各省市县也纷纷建立了相应的工作单位，统一协调遗产保护工作，使遗产保护进入了新的阶段。

一、山西森林遗产的变迁

山西是中华民族生息繁衍的摇篮。远古的山西，是一个森林茂密的地区。珍稀古树，是历史遗留给山西难得的绿色宝藏。山西之所以被称为全国煤炭资源大省，号称中国的"煤海"，它和丰富的森林息息相关。

山西煤炭，实质上是原始森林遗体炭化了的化石。史前时期，山西有许多成煤的木本植物，如科达、石松类、蕨类、种子蕨等，在陆地上高度发育并非常茂盛。在漫长的地质岁月里，受巨大的压力和高温作用，经历一系列理化和生物的质变作用，最后形成了煤炭。

山西境内，在史前时期、原始时期、古农耕时期，都曾经覆盖着大片大片的森林草原，可以说当时的山西，是一片绿海。但是，自有人类以来，森林植被就开始遭到破坏。据考证，公元前2700年的新石器时代，山西森林覆盖率约为69%；到夏、商、周三代时期，山西境内的原始森林覆盖率仍保持为63%；春秋战国时期，森林覆盖率降为53%；到秦汉时期降到42%；隋唐宋金元时期，森林总覆盖达33%；明清时期，森林覆盖率降至18.8%；到1937年，森

设在交城县卦山的山西省古树名木保护示范基地

林覆盖率下降为 6%；到新中国成立初期（1949 年），森林覆盖率降到 2.34%，森林面积仅有 500 万亩。

随着大面积森林整体破坏和消失，大自然和历史遗留给山西的古稀树木，也就没有多少了。据普查，山西现存的古树仅有 20 余万株，其中 1000 年树龄的仅为 1000 多株，名木不足百株。因此，我们对历史遗留给我们的森林遗产，特别是古稀老树遗产，应当倍加珍惜和爱护。

二、古树生存现状堪忧，保护古树应成为文化遗产工程

古树，是一个民族和一个地域的记忆，它反映着漫长历史的变迁和文化传承的见证。

山西是一个文物大省，遍及全省的文物景点、庙宇陵园，都有壮观的古树相伴。

山西古树保护，尽管 1993 年 6 月 19 日曾由省政府批复（晋政函 [1993]71 号）、省林业厅发布了《山西省古老稀有珍贵树木管理办法》，但 20 多年过去了，大多数县市都未能按管理办法规定和要求落实，许多古树毁坏严重。据不完全调查，珍贵树种已毁数百株。介休绵山青寨村胸径约 3.3 米的落叶松被砍掉；朔州穆寨沟龙王庙一株胸径 0.85 米的文冠果树因建房被伐；稷山县菅村堡李家坟 0.85 米粗的酸枣树被烧死；偏关县西沟村关帝庙两株胸径 0.95 米的油松，在砖瓦窑旁被烧死；夏县上留村，5 株古油松已死亡 4 株；临汾尧庙 4 株古槐全被烧死；就连省城太原也不例外，从 1993 年起已有 20 余株古树相继死亡。

对于山西省古树的资源状况，树种如何，生存状况怎样，能说清楚的部门恐怕不多。同时，由于管理部门协调不力，虽然在保护方面做了一些工作，但多年来古树的管理工作仍存在不少问题，多数古树生存还靠当地群众视为"神树"，才得以保留至今，

而不少古树、名树，都被无知者野蛮毁掉了。

在省政协十届二次会上，不少委员建议把古树名树管理工作纳入文物保护的范畴，依法制订地方管理条例。实际上，早在国家发布的《城市古树名树保护管理办法》中已明确指出，"古树"是指树龄在 100 年以上的树木，"名木"指国内外珍贵稀有的、具有历史价值、纪念意义及重要科研价值的树木。这些树木，都要采取措施切实加以保护。把古树作为文物或文化遗产的价值远远胜过一般森林管护的价值，除林业部门要加强管理外，文物部门也要配套管理，要列入文物单位的业务之内，每年政府要拨付专项资金，由文物单位牵头，协同林业、园林、旅游等相关部门，做好抢救保护工作，这样才能使古树保护走上保护历史文化和城市可持续发展相协调的良性互动之路。

三、用创新的精神保护和开发古稀老树

半个世纪以来，特别是改革开放以来，我国政府高度重视文化遗产的保护和发展。从维护生态平衡的绿色精粹出发，国家林业局实施了跨越式发展的六大林业工程建设项目，给新世纪中国林业带来新的生机和活力。特别是野生动植物保护及自然保护区建设工程，是一个面向未来、着眼长远、具有多项战略意义的生态保护工程，也是呼应国际大气候，树立中国良

山西省林业有害生物防治检疫局副局长、高级工程师苗振旺在卦山侧柏古树群给古树保护培训班学员讲解古树保护知识。

好形象的"外交工程"，主要解决基因保存、生物多样性保护、自然保护、湿地保护等问题。这是林业生态保护和建设的精华所在。

我们实施古稀老树保护工作，就是维护生物多样性，为人类储备财富的重大举措，是生态林业与民生林业的有机结合，是推进生态文明建设的有效途径。古稀树木，孕育了丰富的生物物种，在维护和优化自然环境中发挥着不可替代的作用。有些特别重要的古稀树种，一旦遭到破坏，将直接影响到自然生态系统的各种功能，甚至造成灾难性后果。随着人们对生物技术应用范围的扩大，合理开发利用古稀老树资源，必将为人类奉献出更多的物质财富。

实施古稀老树保护应以"加强保护，大力恢复，积极繁育，重点开发"为中心，以保护为根本，以发展为目的，促进古稀树木健康发展，实现古稀树种资源的良性循环和长久利用，为国民经济发展和人类社会文明服务。

为此，我们在保护过程中，需要做好以下几个方面工作：

（一）正确把握和处理好保护、利用和发展的关系。

古树保护必须坚持"以保护为基础，以发展为核心，以利用促发展"的原则，才是一条可持续发展的路子。

第一，坚持"保护第一"的原则。物种一旦灭绝就不能再生，基因一旦丧失，就无法挽回，自然生态系统一旦遭到破坏就难以恢复。没有保护这个基础，一切资源的合理利用和发展都失去了基本保障，可持续发展也只是一句空话。

第二，坚持"合理利用"的原则。保护和发展，是更好地可持续利用自然资源和自然环境为人类造福。如果把保护绝对化，为保护而保护，单纯保护就是纯自然主义，发展就没有目标。合理利用必须建立在科学的基础上：①确保自然资源总量不断增长；②大力开辟人工繁育，确保资源茂盛生长；③以最小资源换取最大经济效益，确保群众致富。

第三，坚持"以发展为核心"的原则。目前古树资源总量普遍不足，生态环境都很脆弱；仅维持现状，会一天比一天少，最后连维持也很困难。如果按常规保护，只会是越保护越少，最后导致绝灭。只有以发展为核心，在发展中保护，才能在较短时期内，大幅度提升我们的保护能力，保护才能得到全面加强，合理利用才有了基础。

总之，正确处理保护、利用和发展之间的关系，始终是保护工作的主旋律。我们一定要把握好这条主线，大力加强保护，为合理利用和快速发展打好基础。通过合理利用来增强保护活力，最终实现古树保护事业的跨越式发展。

（二）积极探索古迹和古树遗产保护的模式

改革开放 30 多年，特别是近 10 年来，我国古迹保护工作发生了深刻的变化。自 1985 年我国成为保护世界遗产缔约国之后，20 世纪 90 年代出现了世界遗产申报热潮，迄今我国共有 30 处文物古迹、历史名城、自然风景区被列入《世界遗产名录》，成为继意大利、西班牙之后的第三个世界遗产大国。特别是在进一步对外开放与国际接轨的大环境下，全国各地普遍加大了世界文化遗产和自然遗产的保护开发力度，总结和摸索出一些具有中国特色、成效显著的保护模式。

纵观全国古迹保护工作的经验，大体可归纳为三种模式：

一是"古典园林"保护模式。如"皇家园林"像颐和园、承德避暑山庄等；也有"私家园林"像苏州园林，遍布全城约 200 多处，成了人间天堂。

二是"庙宇风景"保护模式。遍布全国各省市的古迹建筑群和山岳庙宇，像"故宫"、"天坛"、"布达拉宫"、"泰山"、"武当山"、"五台山"等古迹建筑群等。

三是古城、古街、古村落"保护模式"。在人居历史悠久的地方，依山傍水都留下了大量的森林景观

石楼县组织力量为古树修砖砌水泥围栏，
保护古树。

优美的生态环境。像"丽江古城"、"平遥古城""皖南古村落——西递"、"宏村"等。

上述无论哪种模式，其共同点都离不开古森林相伴，所有模式都是中华大地上古树集中生存和保护的中心地带，古树一直是守护中华民族的精神家园。

（三）突破"重点树种"，大力开展古树保护。

当前，在有限的国家财力、物力条件下，要全面开花的保护和发展现存的古树，是不现实的。因此，需采取以点带面、重点保护、重点开发的办法，先在部分古树、个别地方取得成效、形成示范，继而再不断发展壮大。近几年，我们围绕生物制药工程，把红豆杉作为古稀老树资源保护、开发利用的试点工程，取得了一些成效，期望开出鲜艳之花。

四、广泛动员民间力量，实现古树大保护、大利用、大发展

漫长的历史告诉我们，人类和森林永远是相依相存的伴侣，有人居住的地方，都有树木。千万年来，古树之所以能得到保护、传承和发展，和民间力量的自觉保护是分不开的。

在当前形势下，急需政府加大对古老稀树保护的投入，同时广泛动员群众，深入进行宣传，充分利用民间力量，建立健全管理队伍，使古树保护走上又好又快发展的道路。2014年太原市做出决定，从2015年起，每株古树政府每年补助1000元管护费，这将对保护古稀树木在资金上有了保证，值得各地借鉴。

当前，动员民间力量参与古树保护需做好以下两件事：

一是做好宣传引导工作。首先要加大宣传力度，提高全社会对古稀树木的保护意识；其次要充分动员民营经济、民间资本投入到古树保护中来。

二是让群众成为古树保护的受益人。古树是一笔宝贵的文化遗产，也是一项难得的生物财富。在国际国内普遍重视文化遗产保护的大形势下，要把珍稀古树生存的地方首先建成四季常青、风景宜人之地，寓古树于林海之中，让人们在游览中得到美的享受。把古树生长的地方，结合风景、庙宇，或文物古迹，或森林培育基地建设，使古树保护人得到相应的支持、照顾和报酬，使群众通过保护古稀树木得到更多的实惠，激发他们热爱古树、保护古树的积极性。对保护古树的先进单位和个人要给予表彰奖励，使保护古稀树木成为一种社会风尚。

总之，要千方百计，使古树保护能在一个长效机制的制约下，在广大群众的心目中扎下根，不断发展，不断传承，不断开拓思路，用创新的精神保护和开发古稀老树，使山西省的古树保护工作沿着一条良性发展的路子越走越宽，不断迈上一个新的台阶。

保护古稀树木　永续传承利用

　　发展林业，绿化祖国，保护古树，重在管护。山西省劳动人民自古就有爱树、护树的优良传统，采取了多种手段、不同方式，对森林树木，特别是古稀树木进行有效的管护，出现了许多管护林木的动人事迹，我们应当发扬这种传统美德。对于古老稀树、名木，则应该更加珍惜，采取多种方式，严加管护，使之健康地成长，一代一代的传承下去，为我们的子孙后代多留一些绿阴。

永远护槐碑

灵石县南关镇西许村有株古槐，植于周朝初期，树龄已3000余年。何以见得？树旁所立石碑就是见证。

清乾隆三十九年（1774年）八月所立石碑：此树植于周初，清雍正十一年（1733年）树主人晋麟趾以四两白银将此树卖与赵生玖砍伐，师舜凡等三人用四两六钱白银将此树赎回。乾隆三十九年八月，晋麟趾之孙晋惠认为古槐连地基已卖于树忠，恐年代久远，契约失落，无有证据，所以"刻碑于此，永远不朽"。清嘉庆二十二年初春，村人胡望海、张焕等人牵头，募集白银六十余两，在古槐四周砌石墙，以作保护。

此树已有3000余年，至今老当益壮，充满生机。

对联护林

东岳庙俗称柏山寺，位于蒲县城东 2 公里的柏山之巅。主要建筑有山门、凌霄殿、献殿、东岳行宫大殿、圣母祠、清虚宫、地藏祠等 60 余座，占地面积 9000 平方米，规模宏大，气势不凡。始建何年，尚无确切考证，元延祐五年（1318 年）重建，可见其古老。

走进柏山寺，到处可见挺拔苍翠的柏树，满目葱茏，古树参天。这些古树，树龄大都在 200 年以上，其古老者已达 1000 年。这里的柏树之所以保护良好，是这里的人们爱树护树，把柏树视为圣洁。为了保护好这片山林，清代道光年间知县石映棨在寺庙前写了这样一副对联："伐吾山林吾无语，伤汝性命汝难逃。"这副对联虽带有迷信色彩，但却抓住了人们的迷信心理，以神护树，借以安民。

柏山遍布苍松翠柏，郁郁葱葱

悬挂于东岳庙山门处的护林对联

"隋槐"无恙

据树旁碑文记载，传说隋炀帝攻打突厥族时，曾率部在长子县岚水乡杨家岭村宿营，并栽槐树留念。此树树高 22.7 米，胸围 556 厘米，树龄至今已 1500 余年。为保护好这株古树，村民集资在树的四周修砌围栏，让道路从两侧通过，使古树安然无恙，雄伟壮观。

街心护树

在太原，好几条大街的中心，都保留着蔚然壮观的古树，树周都砌着玉石围栏，煞是好看，成为城中的一景。

在迎泽大街下元以西数百米的大街中央，有一株郁郁葱葱的古槐，矗立在大街之中。因为此树是王氏先民落户太原时所栽，所以人们称此树为王家古槐。这株古槐树龄500年左右，为明代所栽。为保护这株古槐，树周砌有围栏。

太原的柳巷，是繁华的商贸区，也伫立两株古槐，树龄均在500年以上。为了保护好这两株古树，树周增建了汉白玉栏杆。

肖墙路所处的位置，是明代的晋王府，门前街道分别为东肖墙、西肖墙、南肖墙和北肖墙。1998年，在旧城改造中，各肖墙全部打通成肖墙路，遇到4株明槐，决定全部保留于路面中央，修建花池，配置路灯，车辆从古槐两侧通过，成为古城一景。

东缉虎营是太原历史久远的街巷之一，在1998年的道路拓宽改造中，四株明槐也得到很好的保护，一株在马路中央，三株在马路南侧。还有柴市巷的两株古槐，满洲坟的一株古槐，都倍加珍惜，进行了很好的保护。

迎泽西大街路中的古槐，车辆从两边通过。

为古树让路

现在，三晋大地上，无论城市、农村，风景名胜游览区，凡遇修路或建筑，都尽可能对古树加以保护，有明文法规。这张图片是交城县卦山景区的实况，就是有力的佐证。

卦山景区为古树让路

这株千年古槐，生长在太原市柳巷北口闹市区，四周围栏，严加管护。

这株古槐，生长在太原市体育路上。太原市于2008年扩建体育路时，对这株槐树进行了很好的保护，各种车辆从古树两侧通过，成为这条马路上一道独特的风景。

筹资护树

霍州韩北村一户姓李的坟地，长着一株伞状形白皮松，树势美观，树龄1000年，长势旺盛，是村东黄土坡上的一把绿色大伞。在土地改革前，树的主人要出卖这株树，村里人认为是株"风水树"，共同筹集了10石小麦（每石75斤）买下，保留至今，如今已长成参天大树。

　　这株古槐生长在长治市长子县石哲镇古兴村公路正中间，树高 18 米，胸围 392 厘米，树龄 1000 年。该县修公路时，特意加宽了公路，并为古树修了水泥护栏加以保护，各种车辆从古树两侧穿行而过。

利用现代生物技术 保护古树基因资源

　　一株古树就是一个基因库，为保护古树长寿、抗寒耐旱和抗病虫害等优秀基因，太原市园林植物研究中心对晋祠两株六百多年的古银杏做了详细观察研究，采用选取萌蘖扦插的方法，培育新银杏，经过三个多月的精心培育，20余株采集的嫩枝，有2株生根成活。新苗把古银杏的全部基因保留下来，使其遗传密码得以延续。

太原市晋祠古银杏

新银杏苗

第二十一章　认真执行古树保护规定
长久利用传承发展

　　保护古老稀树，应以"加强保护、大力恢复、积极繁育、重点开发"为中心，以保护为根本，以发展为目的，促进古稀树木的传承发展，实现古稀树木资源的良性循环和长久利用。

　　本章收录的《山西省古老稀有珍贵树木管理办法》，为实施保护古老稀树作出了明确规定。

山 西 省 人 民 政 府

关于《山西省古老稀有珍贵树木管理办法》的批复

晋政函 [1993] 71 号

省林业厅：

省人民政府批准《山西省古老稀有珍贵树木管理办法》，由你厅发布施行。

一九九三年六月十九日

山 西 省 林 业 厅

关于发布《山西省古老稀有珍贵树木管理办法》的通知

晋林护字 [1993] 第 216 号

各地区、行政公署，各市、县人民政府：

为了加强对古老、稀有、珍贵树木的保护和管理，我厅制定了《山西省古老稀有珍贵树木管理办法》，已于一九九三年六月十九日经省人民政府批准，现发布施行。

附件：1、省政府关于《山西省古老稀有珍贵树木管理办法》的批复

2、山西省古老稀有珍贵树木管理办法

一九九三年七月十三日

山西省古老稀有珍贵树木管理办法

第一条 为了加强对古老、稀有、珍贵树木（以下简称古稀珍贵树木）的保护和管理，根据本省实际情况，制定本办法。

第二条 本办法适用于本省境内古稀珍贵树木的保护工作。

第三条 本办法所称的古老树木是指树龄在 300 年以上的树木；

本办法所称的稀有树木是指本省境内目前存活株数少、科研和观赏价值大的树木；

本办法所称的珍贵树木是指具有革命历史纪念意义的树木。

第四条 古稀珍贵树木实行分部门、分级管理。

(一)寺观教堂所属范围内的古稀珍贵树木分别由文物、旅游、宗教管理部门负责保护管理;

(二)城市内的古稀珍贵树木由城建、园林管理部门负责保护管理；

(三)农村的古稀珍贵树木由林业主管部门负责保护管理。

以上古稀珍贵树木保护管理部门的职责是：

(一)做好保护古稀珍贵树木的宣传工作，制定管理制度并监督检查树木管理制度的执行情况；

(二)建立专门档案，包括记载古稀珍贵树木的文字资料、照片、录像、影片等；

(三)制定保护古稀珍贵树木的技术性措施，审批古稀珍贵树木的处置方案。

第五条 各级人民政府的林业主管部门负责本辖区内古稀珍贵树木的管理工作的监督指导以及登记工作。

第六条 古稀珍贵树木的保护管理工作应列入各级人民政府的林业建设任期目标责任制内，同时按树木权属分级落实保护和管理责任制。

第七条 古稀珍贵树木由省人民政府设立统一标志，明令保护。

古稀珍贵树木分为省级古稀珍贵树木、市级古稀珍贵树木、县级古稀珍贵树木。

古稀珍贵树木的保护级别由同级人民政府的林业主管部门确定并公布。

第八条 经县级人民政府批准，可以在树周围划出保护区。在保护区内施工建筑，其设计方案需征得树木主管部门的同意。

第九条 未经批准，任何单位和个人不得砍伐古稀珍贵树木。树木发生自然枯死，须按管理权限将处置方案报县级以上主管部门，经批准后，方可处置。

因城市建设需处置古稀珍贵树木，须经当地人民政府批准后，方可处置。

第十条 任何单位和个人违反本办法，致使古稀珍贵树木遭到破坏的，由树木主管机关根据有关法律、法规、规章的规定给予处罚。构成犯罪的，依法追究刑事责任。

第十一条 在保护管理古稀珍贵树木工作中，成绩显著的单位和个人，由县级以上人民政府给予表彰或奖励。

第十二条 本办法由山西省林业厅负责解释。

第十三条 本办法自发布之日起施行。

参考文献

1. 刘清泉 . 山西古稀树木 . 太原 : 山西科学教育出版社 ,1989.

2. 刘清泉 . 古稀树木 . 北京 : 中国环境科学出版社 ,1997.

3. 山西省林业科学研究院 . 山西树木志 . 北京 : 中国林业出版社 ,2001.

4. 《山西植物志》编委会 . 山西植物志（1–4 卷）. 北京 : 中国科学技术出版社 ,1992–2004.

5. 《中条山树木志》编委会 . 中条山树木志 . 北京 : 中国林业出版社 ,1995.

6. 《太原植物志》编委会 . 太原植物志 . 第一卷 . 北京 : 学术书刊出版社 ,1990.

7. 《太原植物志》编委会 . 太原植物志 . 第二卷 . 北京 : 中国科学技术出版社 ,1990.

8. 山西省农业区划委员会 , 林业厅 , 农牧厅 . 山西省果树种质资源及区划 . 北京 : 中国林业出版社， 1990.

9. 《华北树木志》编写组 . 华北树木志 . 北京 : 中国林业出版社 ,1984.

10. 孙立元 , 任宪威 . 河北树木志 . 北京 : 中国林业出版社 ,1997.

11. 牛春山 . 陕西树木志 . 北京 : 中国林业出版社 ,1990.

12. 山东树木志编写组 . 山东树木志 . 济南 : 山东科学技术出版 ,1984.

13. 郑万钧 . 中国树木志（1–3 卷）. 北京 : 中国林业出版社 ,1983.

14. 贺士元 , 等 . 北京植物志（上、下册）. 北京 : 北京出版社 ,1993.

15. 陈有民 . 园林树木学 . 北京 : 中国林业出版社 ,1990.

16. 南京林业大学 . 园林树木学 . 北京 : 中国林业出版社 ,1995.

17. 张天麟 . 园林树木 1200 种 . 北京 : 中国建筑工业出版社 ,2005.

编后寄语

一部经典，将唤起一个时代的记忆。

编典五年，感触多多。最大的感受，还是如何保持古树的常态传承和永续发展。

保护古树，是大森林时代林业工作者的历史担当。

古树，作为大森林的历史根脉，既属于当代，也属于未来。本着对历史负责，对子孙后代负责的精神，要不断提升对古树保护水平。赋予古树新的生命。

党的十八大报告提出：把生态文明建设放在突出地位，实现绿色发展、循环发展的终极目标。

林业建设，也迈入大森林时代。

古树遗产，要防止建设性破坏，要积极推进古树遗产的文物价值，激活古树资源的生命力，不断复壮，使古树在发展中保护，在保护中发展。

大森林建设的新时代，要求山西林业建设，做好两件大事：

一是依法保护古树。通过人大立法，确保古树根脉不受侵犯。

二是大种新树大造林。充分发动群众，扎实做好"全民绿化""工程绿化"工作；力争在近期内，使全省森林覆盖率翻一番，实现全省林业的跨越式发展，让山西大地尽早绿起来、美起来。

最后，对在《山西古树大典》编撰过程中，给予支持、指导和帮助的单位、领导、专家、摄影者、同志和同仁，表示衷心的感谢！

鉴于我们学识有限，疏漏和纰缪一定会有，值此《山西古树大典》出版之际，我们热切期望得到广大读者和专家的批评指正。

编　者

二〇一五年十一月五日